Johann David Schöpf

Naturgeschichte der Schildkröten

Johann David Schöpf

Naturgeschichte der Schildkröten

ISBN/EAN: 9783955622442

Auflage: 1

Erscheinungsjahr: 2013

Erscheinungsort: Bremen, Deutschland

@ Bremen-university-press in Access Verlag GmbH, Fahrenheitstr. 1, 28359 Bremen. Alle Rechte beim Verlag und bei den jeweiligen Lizenzgebern.

D. Johann David Schöpfs

Königl. Preuß. Hofraths und Vicepräsidenten des Collegium medicum zu Anspach, der Kaiserl. Akademie der Naturforscher und der Berlinischen Gesellschaft naturforschender Freunde Mitgliedes

Naturgeschichte

der

Schildkröten

mit Abbildungen

erläutert.

Erlangen

bey Johann Jakob Palm. 1792.

Vorrede.

Grosse und mancherley Dunkelheiten umhüllen noch jezt die Geschichte der Schildkröten. Dies wird niemanden unbekannt seyn, der vielleicht über eine oder die andere zweifelhafte Art dieser Thiere Belehrung in den von ihnen handelnden Schriften gesucht hat. Meist leere Namen, mangelhafte und vieldeutige Beschreibungen stossen überall auf, welche auf die verschiedensten Thiere dieses Geschlechts passend, und auch den verschiedensten beygelegt worden sind. Einige Schriftsteller haben nur Bemerkungen über einzelne Individuen, andere nur von einigen merkwürdigeren Arten, die sie selbst besassen, Nachrichten und Abbildungen mitgetheilt, und das fast immer ohne gehörige Rücksicht auf die schon von andern gegebenen. Wenige nur haben die Geschichte des ganzen Geschlechts zu bearbeiten sich vorgenommen; vorzüglich Linné, Schneider und Cepede. Aber auch sie haben die dabey obwaltenden Schwierigkeiten und Hindernisse gefühlt und beklaget. So hat Gmelin in der neuesten Ausgabe des Natursystems die schon ältere Erinnerung Linne's wiederholet, daß: Aehnlichkeiten des Baues bey den Schildkröten überhaupt, Verschiedenheiten der Ar-

ten

Vorrede.

ten nach Alter und Geschlecht, die unvollkommene Bekanntschaft vieler Arten nach ihren verschiedenen Lebens-Verhältnissen, ihre Unterscheidung schwierig und ihre Geschichte mangelhaft mache. Diese vorlängst von Linné geäusserte, fast prophetische Klage, hat die spätere Erfahrung vollkommen bestätiget. Denn so manche gehäufte aber unzureichende und vieldeutige Beschreibungen, Verwechslungen von Namen und Sachen und ihre ungeprüfte Wiederholung, Aufstellung muthmaßlich neuer und willkührliche Unterdrückung anderer Arten, haben endlich die Naturgeschichte des ganzen Geschlechts so mit Dunkelheiten, Zweifeln und Irrungen belastet, daß die Kenntniß vieler schon vormals von Linné aufgeführter Arten nach ihm erst wieder unzuverlässig und schwankend wurde. Diese Aeusserung, welche den Verdiensten würdiger Männer antastend, und aus Tadelsucht entstanden zu seyn, den Anschein haben könnte, müßte und könnte ich auch sogleich hier durch überzeugende Belege unterstüzen; um aber Wiederholungen zu vermeiden, verspare ich sie dahin, wo sie ihren schicklichern Plaz finden, zu den Berichtigungen der einzelnen Arten.

Einstweilen sey es mir nur erlaubt, jene Behauptung durch die bekräftigenden Geständnisse Herrn Schneiders zu belegen; der bey seinem Bestreben, die verwirrten und durcheinander geworfenen Arten der Schildkröten zu ordnen, die schlüpfrigen Synonymen und schwankenden Beschreibungen der Schriftsteller zu vereinigen, sich von allen Seiten in endlose Schwierigkeiten verwickelt sahe, welche auszuwirren und zu berichtigen sein mit dem glücklichsten Scharfsinn vereinigter grosser Fleiß doch nicht zureichend war. Und dies aus der Ursache vorzüglich, weil bey der grossen, von den Schriftstellern angegebenen Verschiedenheit von Merkmalen, und ihrer Trüglichkeit, bey den bald zu kurzen, bald zu langen Beschreibungen, gute und getreue Abbildungen vermisset wurden, welche die vorwaltenden

Zwei-

Vorrede.

Zweifel berichtigen und entscheiden konnten. Herr Schneider hat die Linneischen Namen hin und wieder abgeändert, die Kennzeichen der Arten verbessert, einige neue Arten aufgestellt, andere aus dem Verzeichnisse weggestrichen; alles Fleisses ungeachtet aber konnte er doch nicht alle Anstösse heben, und sahe sich gezwungen, einige Arten unberichtiget und unter dem Schleyer der Ungewißheit zu lassen.

Wenig glücklicher war der Graf de la Cepede in Entzifferung zweifelhafter Arten; den Linneischen Namen unterlegte er, fast nur willkührlich, ihnen nicht zupassende Thiere, wie z. B. der Griechischen, der Rauhen, der Kreisförmigen Schildkröte; einige hat er als neue Arten aufgestellet, die es nicht zu seyn schienen, wie die Gelbe und die Nashornichte Schildkröte 2c. aber doch hat er auch mit einigen wirklich neuen das Verzeichniß dieses Geschlechts vermehret, ohne sie jedoch mit erforderlicher Genauigkeit zu bestimmen. Herr Gmelin hat in der von ihm besorgten neuesten Ausgabe des Linneischen Natursystems, die Namen aller, seit Linne's ersterem Verzeichnisse, bekannt gewordenen, oder als neu angegebenen Schildkröten, sorgfältig nachgetragen, und dadurch die scheinbare Anzahl der Arten, den Namen nach, fast um das doppelte vermehret; eben hiedurch hat er aber auch neue und grössere Dunkelheiten veranlasset, wie es aus der Revision der einzelnen Arten erhellen wird. Der Ursachen nun, welche diese Verwirrungen vorzüglich veranlaßten und begünstigten, sind, unter mehr andern, doch immer die Unbestimmtheit der meisten Beschreibungen, und der schon gerügte Mangel guter Abbildungen; beyde stunden, als drückende Hindernisse, den Berichtigungen und der Erweiterung der Naturgeschichte dieser Thiere im Wege. Unläugbar haben nicht alle, welche dieses Thiergeschlecht zum Theil, oder im Ganzen, bearbeiteten, mit einer ähnlichen Sorgfalt und pünktlich mahlendem Fleisse sie beschrieben, wie Herr Wallbaum,

Vorrede.

aber leider! nur in Darstellung weniger Arten gethan hat. Gemeiniglich wurde vorausgesezt, daß die ältern und erstern Schriftsteller in Beschreibung einzelner oder mehrerer Arten, genaue und richtige Vergleichungen der schon bekannten Arten angestellet, und getreue Angaben der Kennzeichen, welche den Arten, Abarten, oder nur einzelnen Individuen zukommen, mit Sorgfalt auseinander gesezt hätten. Indem man nun ihre Ausdrücke nach dem strengern Wortverstande nahm, wie es auch anders sich nicht geziemte, so geschahe es denn, daß Thiere, welche nur kurz, unbestimmt, oder ohne sorgfältige Vergleichung mit andern, und daher mit Auslassung der wesentlichsten Umstände, beschrieben waren, wenn sie auch zu einerley Arten gehörten, durch solche Beschreibungen unkenntlich blieben, daß folglich aus verschiedenen Federn geflossene Beschreibungen eines und desselbigen Thieres, nicht zusammenpassend, oder ganz verschiedene Thiere, durch verstümmelte Beschreibungen, einerley zu seyn schienen. Zu diesen Hindernissen richtiger Erkenntniß gesellten sich noch andere Schwierigkeiten, unter andern diese, daß in den Sammlungen meist nur verstümmelte Exemplare, blosse Schaalen ohne Kopf und Füsse bewahret werden. Und nachdem Linné die Bildung und Bau der Füsse, als die wichtigste Bedingniß zur Bestimmung der Arten angegeben, so wurden von ihm sowohl, als von andern, die übrigen Beschaffenheiten des Panzers, dessen Verhältnisse, Farben, Figur und Bildung des Ganzen und der einzelnen Schuppen, Substanz, Oberfläche u. dergl. unbillig und zu sehr vernachlässiget. Es war daher nicht zu bewundern, wenn verschiedene Beobachter eine ihnen vorgekommene Schildkröte, oder blosse Schäale und sonst verstümmeltes Thier, aus den mangelhaften Beschreibungen voriger Beobachter nicht auszufinden vermochten, und sich daher für berechtiget hielten, etwas für Neu anzusprechen, was ungezweifelt von andern schon gesehen und gekannt, aber undeutlich beschrieben war. So wurden denn von einer andern Seite leere

Namen

Vorrede.

Namen in den Verzeichnissen fortgeführt, und die ihnen zugehörigen, aber ungesehenen Thiere immer wieder als neue, unter neuen Namen aufgestellet, wie dieses unter andern mit der Carolinischen und der Schlangen-Schildkröte der Fall war.

Diese fortwährenden und fast immer zunehmenden Verwirrungen wurden hauptsächlich durch den Mangel eines solchen Werkes unterhalten, welches genaue Abbildungen aller bekannten Arten, in vollständiger Sammlung und zu einer allgemein vergleichenden Uebersicht, darstellte. Denn obschon viele wirkliche Arten durch Reisende und Sammler von Zeit zu Zeit angezeigt worden sind, so blieb ihre deutliche Bestimmung und Entwirrung doch immer noch ein frommer Wunsch, so lange nicht Abbildungen den Worten zu Hülfe kommen; weil ohne jene auch die sorgfältigste Beschreibung noch immer einen Anstrich von Dunkelheit behält. Von den bekannten Schildkröten-Arten aber, selbst von den gemeinern, sind einige noch gar nicht, andere nur schlecht abgebildet; aber auch die vorhandenen und guten Abbildungen der meisten Arten sind in grossen und kostbaren Werken zerstreuet, welche zu sehen, und unter sich oder mit der Natur zu vergleichen, nicht alle Freunde der Naturgeschichte die erwünschte Gelegenheit haben.

Nüzlich und nothwendig schien mir daher die Unternehmung einer solchen allgemeinen Geschichte der Schildkröten, welche aller bisher bekannt wordenen Arten genaue und nicht zu kurze Beschreibungen, eine berichtigte Synonymie, vorzüglich aber, und so viel es seyn konnte, nach der Natur selbst gefertigte, genaue und getreue ausgemahlte Abbildungen vereinigte, damit der Griffel ergänze, was die Feder auszudrücken nicht vermag.

Vorrede.

Die Ausführung eines solchen Vorhabens ließ häufige Schwierigkeiten voraussehen; zumal erwogen, daß ich es an einem Orte wagte, wo weder eine Naturaliensammlung, noch der benöthigte Büchervorrath, zu Beförderung desselben zu Hülfe kam, sondern wohin alles durch Briefwechsel, mit grossem Aufwande von Zeit und Kosten zusammengebracht werden mußte. Denn die Absicht der Unternehmung erforderte schlechterdings, daß alle und jede von Schildkröten vorhandene Beschreibungen und Abbildungen unter sich und mit der Natur verglichen; die Naturgetreuen als solche gerühmet und benuzet, die zweifelhaften aber, zu Erregung fernerer verbessernder Aufmerksamkeit, angezeigt würden. Ganz vorzüglich aber wurde der Entschluß zu dieser Unternehmung nicht nur befestiget, sondern auch nachdrücklich durch die nicht genug zu rühmende freundschaftlichste Gewogenheit des Herrn Präsidenten von Schreber befördert und unterstüzet. Seiner Verwendung danke ich die Kenntniß mehrerer Arten, welche auswärtige Freunde theils in Natur, theils im Gemälde mittheilten. Denn Exemplare dieser Thiere, einige gemeinste Arten abgerechnet, sind auch in den an andern Dingen reichhaltigsten Sammlungen, nicht häufig anzutreffen. Mit geziemendem Dank erkenne und rühme ich auch die gefällige Bereitwilligkeit anderer würdiger Männer, welche theils Abbildungen, theils Exemplare seltener Schildkröten zur Vergleichung, zum Unterricht, und überhaupt zur Beförderung des Unternehmens, mir zukommen liessen; und bezeuge daher öffentlich die Verbindlichkeiten, welche ich den Herren Pennant, Hermann, Tozzetti, Vosmaer, Thunberg, Retzius, und meinem verehrungswürdigen Freunde, Herrn Heinrich Mühlenberg hege, welcher mit ruhmvollen Fleisse der Naturgeschichte der vereinigten nordamerikanischen Staaten seine Erholungsstunden widmet.

Vorrede.

In der endlichen Ausführung dieses Werkes habe ich noch ferner die Beyhülfe des Herrn D. Panzers, in Nürnberg, und Herrn Cammer-Registrators Wunders, in Bayreuth, mit Danke anzuzeigen, indem lezterer die sorgfältigsten und getreuesten neuen Abbildungen nach der Natur gefertiget, jener aber die Güte hatte, zu bestmöglichster Vollendung des Stiches, nach seiner bekannten Sorgfalt, genaueste Aufsicht zu pflegen.

Nothwendig aber muß ich in Bezug auf die im gegenwärtigen Werke zu liefernde Abbildungen, einige Erinnerungen voranschicken. Wahre und getreue Darstellungen waren die erste und wichtigste Absicht. Lebendige Thiere zu diesem Behufe zu erhalten, fehlten Gelegenheit und Möglichkeit. Man mußte sich also mit blos getrockneten, oder im Weingeist bewahrten Thieren, oder mit ihren leeren Schaalen begnügen. Daher mußten auch die Abbildungen nach leblosen Exemplaren gefertiget werden; denn es würde schwer, und selbst zu tadeln gewesen seyn, den Abbildungen lebloser Thiere einen Anschein des Lebens nach Gutdünken geben, oder sie nur nach Wahrscheinlichkeit und Voraussezung verschönern zu wollen. Die Nothwendigkeit pünktlicher Darstellung wird es daher entschuldigen, wenn an einem und dem andern Bilde steife verdrehte Gliedmassen, eingeschrumpfte Augen, und überhaupt der ganze unbelebte Anstand, mißfällig seyn sollte. Um so weniger aber befürchte ich daher zu nehmende Vorwürfe, als ich mir es zum vorzüglichern Geseze machte, die Kennzeichen der Arten auf die Schaale allein zu gründen, damit auch künftige Entzifferung verstümmelter Exemplare um so leichter und möglicher werde; und ich schmeichle mir, in dieser Bemühung nicht ganz unglücklich gewesen zu seyn.

Einem erstern Plan zufolge sollte die Ausgabe dieses Werkes bis zu dessen gänzlichen Beendigung ausgesezt bleiben, so daß sämmtlicher Schildkröten

Vorrede.

kröten Geschichte und Abbildungen zusammen und mit einemmale erschienen. Viele und nicht unwichtige Gründe aber machten dieses Planes Abänderung nothwendig, welcher der Vervollkommnung des Werkes selbst hinderlich gewesen seyn würde. Um unterdessen allen Besorgnissen vorzubeugen, daß etwa das hiemit angefangene Werk hiernächst unvollendet bleiben möchte, geben wir die redliche Versicherung, daß für die Durchführung desselben schon hinlänglich gesorgt sey, um, mit Ausnahme vielleicht nur einer und der andern Art, eine vollständige Reihe von Abbildungen aller bekannten Schildkröten versprechen zu dürfen; mit der Bedingung jedoch, daß von denjenigen (und gewiß nur wenigen) Arten, von welchen die zu neuen eigenen Abbildungen erforderliche Exemplare nicht aufzutreiben seyn würden, getreue Copien aus andern Werken, in welchen sie abgebildet sind, gegeben werden sollen. Zu desto gewisserer Bekräftigung mag folgendes Verzeichniß dienen.

1) Der Arten, wovon neue Abbildungen nach der Natur bereits fertig liegen.

Europäische Schildkröte,	T. Europaea.
Dreykielichte	— tricarinata.
Rauhe	— scabra.
Charakteren	— scripta.
Aschgraue	— cinerea.
Gemahlte	— picta.
Punktirte	— punctata.
Schlangen	— serpentina.
Dosen	— clausa.
Griechische A.	— graeca A.

Griechi-

Vorrede.

Griechische Schildkröte B.	T. graeca B.
Geometrische	— geometrica.
Breitrandichte	— marginata.
Getäfelte	— tabulata.
Grüne	— viridis.
Carett	— Caretta.
Schieferartige	— imbricata.
Lederschild	— coriacea.
Neue Meerschildkröte	— Nov. Sp.
Japanische	— Japonica.
Indische, Vosmaer	— Indica Vosmar.
Pensylvanische	— pensylvanica.
Terrapin	— Terrapin.
Langschnabel	— rostrata.
Gezähnelte	— denticulata.
Amboinische	— amboinensis.
———	— areolata.

2) Der Arten, von welchen, aus Ermangelung eigener Exemplare, die in andern Werken zerstreuten Abbildungen nothwendig zu entlehnen sind, in so ferne nicht nach unserem Wunsch und Bitten, Freunde der Naturgeschichte und Gönner dieses Werkes, in deren Besiz diese seyn möchten, zu neuen nach der Natur zu fertigenden Abbildungen sie uns darlehnen werden:

T. indica.	Indianische Schildkröte,	nach Perrault. Memoir. de l'Acad.
— pusilla.	Zwerg	des Linné nach Edward.

T. ful-

Vorrede.

T. sulcata.	Gefurchte Schildkröte,	Gmelin, nach Millar's Illustr.
— signata.	Petschirte - -	Wallbaum, nach dessen Chelonographie.
— caspica.	Caspische - -	Gmelin, nach Sam. Ge. Gmelin Reisen.
— ferox.	Wilde - - -	Pennant, in Philosoph. Transact.
— membranacea.	Weichschaalichte -	Blumenbach; in Schneid. Naturgesch. der Schildkr.
— Spengleri.	Spenglerische - -	Schriften Berlin. Naturf. Fr.
— planiceps.	Plattköpfichte - -	nach Schneider, ebendaselbst.
— terrest. minor.	Kleine Landschildkröte	nach Seba.

Zu diesen würden noch etwa vier oder fünf aus de la Cepede beyzufügen seyn.

3) Von folgenden Arten sind nirgendwo Abbildungen vorhanden, und Exemplare davon bisher vergeblich gesucht worden.

T. scorpioides.	Skorpion-Schildkröte	des Linne'.
— fimbria.	Gefranzte - -	des Gmelin.
— carinata.	Gekielte - -	des Linne'; vielleicht zu einer der vorigen gehörig.
— palustris.	Sumpf - -	des Gmelin, nach Brown; vielleicht einerley mit der - - Terrapin. —

T. tri-

Vorrede.

T. triunguis.	Dreykrallichte - -	des Forskål; vielleicht auch zu einer andern gehörig.
— planitia.	Platte - - -	des Gronovs und Gmelin. Zweifelhaft.

Doch hoffe ich auch noch über diese letztgenannten, ganz verborgenen und zweifelhaften, noch einiges Licht und Berichtigung durch naturforschende und der Vollständigkeit dieses Werkes wohlwollende Freunde und Gönner, zu erhalten.

Hier nehme ich zugleich Gelegenheit anzuzeigen, daß mir noch jetzt keine Schildkröten vorgekommen sind, welche den Sebaischen Abbildungen, auf Taf. 80. Fig. 4. der kleinen Ceylonischen Landschildkröte, und der 6ten Figur derselben Tafel, der Brasilischen Landschildkröte, vollkommen entsprächen; da ich jedoch von der Wahrheit der übrigen Sebaischen Abbildungen durch Vergleichungen mit der Natur überzeugt bin, so glaube ich, daß auch diese der Natur getreu seyn, und ihre Vorbilder noch hie oder da im Verborgenen liegen, nun aber vielleicht glücklich aufgespürt werden möchten.

Indem ich solchergestalt den schon vorbereiteten Vorrath und den Entwurf des Werkes angezeigt habe, wage ich es, an alle Freunde der Naturgeschichte die Bitte um gefällige Unterstützung desselben zu wiederholen, sey es durch gütige Mittheilung der zu eigenen und neuen Abbildungen uns abgängigen Exemplare, (welche in dieser Hofnung und Absicht vorhin namentlich angezeigt worden,) oder durch berichtigende und belehrende Anmerkungen, die Geschichte der Thiere selbst betreffend; eines oder das andere werden wir mit gleichem und lebhaftem Danke annehmen.

Aus

Vorrede.

Aus dem schon vorhandenen Vorrathe, und der Anzeige des noch Fehlenden, läßt sich ungefähr schäzen, daß das ganze Werk etwa 36 Tafeln erhalten werde, und daß diese versprochene allgemeine Geschichte aller bisher bekannten Schildkröten zwar Heftweise, aber doch in ununterbrochener Folge, und nach nur solchen Zwischenräumen, erscheinen sollen, als die Fertigung und Illumination der Tafeln nothwendig erfordern.

Eine systematische Ordnung in der Folge der Tafeln zu beobachten, erlaubten die Umstände nicht; eine systematische Tabelle wird aber am Schlusse des Werkes diesen Mangel ersezen. Es wird dann auch eine kurze anatomische und physiologische Darstellung der Schildkröten überhaupt, und ein Verzeichniß der dahin einschlagenden Schriften und Schriftsteller, zum Beschlusse angehängt werden.

Anspach, den 7ten Merz 1792.

Tab. I.

TESTUDO EUROPAEA. *Schneid.*

Testa ovali, planiuscula, subcarinata, fusco-atra, punctis striisque albo-flavescentibus radiatis.

T. Europaea, testa orbiculari planiuscula laevi. *Schneid.* Schildkroet. pag. 323. n. 5.
T. orbicularis. *Linn.* Syst. nat. edit. *Gmel.* pag. 1039. exclusis Synon. Gronovianis et γ.)
T. lutaria. *Marsigl.* Danub. illustr. 4. tab. 33. 34.
T. aquarum dulcium et lutaria. *Raj.* quadrup. 254.
T. lutaria. *Brünnich.* Spol. mar. adriat. p. 90.
T. punctata. *Gottw.* Schildkr. tab. 12.
Testuggine di fiume? *Cetti* Storia di Sardegna Tom. 3. p. 92.
Sceletirte Wasser-Schildkroete. *Mayers* Zeitvertr. I. tab. 29.
? T. flava, testa superiori viridi flavo maculata. De la *Cepede.* tab. VI. p. 135.

Europäische Schildkröte.

Rückenschild oval, niedrig, mehr oder weniger gekielt, dunkler Farbe mit lichten strahlicht geordneten punktirten Linien.

Das Rückenschild ist oval; um fast ein Drittheil länger als breit; flach gewölbt, so daß die Höhe der Wölbung ungefähr nur dem dritten Theile der Länge des Schildes gleichkommt; die Wölbung ist durchaus ziemlich gleich, doch pflegen die Rücken älterer Thiere etwas platter, und weniger merklich gekielt zu seyn. Die Ober-

Oberfläche der Schuppen ist bey ältern Thieren ziemlich glatt und eben; bey jüngern aber sind sie, durch mehrere parallel laufende und nach innen verkürzte Furchen, rauher und unebener, und zwar gemeiniglich mehr so an den hintern als an den vordern Schuppen.

Dreyzehn Schuppen bedecken die Scheibe; fünfe nach der Mittlänge, und viere zu jeder Seite. Die erste Schuppe der Mittelreihe ist ungleichseitig, fünfeckicht, am vördern Rande breiter und ausgebogen, abhängiger als die folgenden und meistens stumpf gekielt. Die zweyte und dritte sind viereckicht, oder fast sechseckicht, wenn man die kleinen Winkel in Anschlag bringet, welche sich nach den Näthen der Seitenschuppen hinwärts vorbeugen. Die vierte nähert sich mehr der sechseckichten, so wie die lezstere der fünfeckichten Figur, und diese beyde sind auch in den meisten Thieren etwas stärker gekielet. Diese Schuppen der Mittelreihe sind an ältern Thieren meist platt, an jüngern aber etwas gebogener. Der Kiel am Rücken ist niedrig, oft wenig bemerklich, und manchmal nur durch eine kleine Erhabenheit am hintern Rande der Schuppen angedeutet. Von den vier Seitenschuppen ist die vorderste unregelmässiger Gestalt, einem Viertheils-Zirkel (Quadranten) mit abgestumpfter Spize ähnlich. Die zweyte ist von oben abwärts länglicht viereckicht, so auch, aber mit abnehmender Grösse und Wölbung, die dritte und vierte.

Die Farbe des Schildes ist gemeiniglich schwarz, auch schwarzbraun, oder, wie besonders der kleinern und jüngern, kastanienbraun, mit mehreren Punkten, theils runden, theils länglichten, besäet, welche bald weißlicht, bald blaßgelber Farbe sind, und von dem am hintern Rande jeder Schuppe befindlichen kleinem Schuppenfelde, wie aus einem gemeinschaftlichen Mittelpunkt, ausgehend, strahlenweise gereihet, sich nach allen Seiten des Randes verbreiten.

Diese strahlicht punktirte Zeichnung ist unter allen mir bekannten Arten der europäischen Schildkröte ausschliessend eigen; ich habe daher keinen Anstand genommen, sie zum Bestimmungscharakter derselben anzuwenden.

Das Schuppenfeld (areola) der Rückenschuppen liegt am hintern Rande in der Mitte, an den Seitenschuppen aber an deren hintern und obern Winkel, und wird in beyden von mehreren parallelen Furchen umschlossen; deren Zahl die jährliche oder periodische Vergrößerung der Schuppen anzuzeigen scheinet. Diese Furchen aber sowohl als die Schuppenfelder, nach welchen jene geordnet sind, werden mit der Thiere zunehmendem Alter allmählich unscheinbarer, und verlieren sich endlich so ganz,

ganz, daß einige vor mir liegende größere Schaalen, in Vergleichung zu kleinern und jüngern, vollkommen (wenigstens an den vordern Schuppen) glatt sind, und daher eine merkliche Verschiedenheit zwischen Individuen einer und derselben Art veranlassen. Es kommen auch Schaalen vor, welche sich durch eine nach der Mittlänge des Rückens hinlaufende, aus dicht zusammengedrängten kleinen Linien entstehende, Binde auszeichnen; mit einer solchen Binde ist die oben angezigte Gottwaldische Figur vorgestellt, und ich habe sie an mehreren Schaalen bemerket.

Der Rand enthält 25 Schuppen; die erste und ungepaarte ist die kleinste, schmal und länglich; die übrigen sind fast alle länglich-viereckt; die drey vordersten flachgewölbt, scharfgeründet; vier mittlere an den Seiten schmäler, abschüssiger, am Rande selbst stumpf und gerinnelt, nach unten und auswärts aber erweitern sie sich, (besonders die 5te und 6te,) um die Fortsätze des Brustschildes aufzunehmen; vier hintere scharfgeründet und mehr auswärts gebogen; die lezte (oder die eine von dem über dem Schwanze liegenden Paar) wieder etwas gewölbter und unterwärts gebogen. An Farbe und Zeichnung kommen die Randschuppen mit den übrigen überein; punktirte Strahlen verbreiten sich von dem hintern und untern Winkel nach den entgegengesezten Seiten.

Das Bauchschild ist an Länge und Breite dem innern Umkreis des Oberschildes fast gleich. Die Farbe ist bey einigen schmuzig weiß, bey andern gelblicht, in der Mitte und längs der Näthe braun oder schwarz gefleckt. Eine Nath in die Länge und fünfe in die Quere, welche an jüngern Thieren meist schwärzlich sind, theilen das Bauchschild in zwölf ungleiche Felder. Im äussern und hintern Winkel jedes Feldes zeiget sich (an jüngern Thieren deutlicher) ein punktirtes Schuppenfeld, umgeben mit mehreren und parallelen Furchen, welche an ältern Thieren (vermuthlich wegen der beständigen Friktion an andere Körper) kaum oder gar nicht bemerkbar bleiben. Die mittlere Quernath des Bauchschildes ist weniger fest, und gestattet einige Beweglichkeit, so daß beyde Hälften, doch mehr die vordere, dem Oberschilde etwas näher gebogen werden können; so bemerkte ich es wenigstens an zwey lebendigen Thieren, ich weis jedoch nicht, ob an allen das nemliche Statt findet? Die vordere Hälfte des Bauchschildes ist kleiner, an den Seiten gerundet, vorne etwas ausgeschnitten und aufwärts gebogen; die hintere Hälfte ist grösser, am Ende abgestumpft und eingekerbt. Das Bauchschild der Männchen ist platt, der Weibchen aber etwas gewölbter. Das Rückenschild wird von zween knöchernen aufrechtstehenden Fortsäzen des Bauchschildes getragen, deren kürzerer auf der vordern, der längere auf der hintern Hälfte desselben sizt, beyde aber mit ihren obern Enden in eine flache Vertiefung unter- und innerhalb des 5ten und 6ten Randschildes eingreifen; eine dichte, aber doch biegsame Membran verbindet übrigens die beiden Schilder so, daß einige Beweglichkeit zwischen ihnen statt findet.

Der Kopf ist eyförmig, oben etwas erhöhet, an den Seiten und unten platt, mit schwielicht-schuppichter Haut bedeckt, von Farbe dem Rückenschilde meist gleich, gelb oder weiß gefleckt. Die Augen stehen schräge am vordern Theile des Kopfes; die Nasenlöcher dichte beysammen an der obern und äussern Spize des stumpfen Schnabels. Kinnladen scharf, ohne Zähne. Den mässig dicken Hals decket eine schlaffe, runzlichte Haut, an Farbe und Flecken dem Kopfe und den Füssen ähnlich. Vorderfüsse kürzer als die hintern; sämmtlich von aussen mit grossen Schuppen belegt; jene mit fünf, diese mit vier, durch eine Schwimmhaut verbundenen Fingern, und mit eben so vielen gekrümmten, spizigen Nägeln bewafnet. Der Schwanz hat fast die halbe Länge des Körpers, (daher diese Art den Namen der Wassermaus erhalten zu haben scheinet,) ist zugespizt, seitwärts gedrückt, schuppicht, schwarz und gelb gefleckt.

Das Vaterland dieser Schildkröte sind die meisten gemässigten Gegenden von Europa; sie wird in Preussen angetroffen (Wulf. Ichthyol.); in Pohlen (Bernoulli's Reisen); in Italien und Sardinien Tozzetti und Cetti); in Ungarn und an der Donau (Marsigli); in Frankreich (Tortugue d'aigue. Raj.); in den nördlichern Gegenden Europens hingegen, so wie selbst in den meisten mildern Provinzen Deutschlands, ist sie nicht einheimisch. Ihr Aufenthalt sind sumpfichte und morastige Orte; sie nährt sich von Wasserinsekten, Fischen, Schnecken und Pflanzen. Sie wird gegessen, und daher an mehrern Orten zu Markte gebracht; in eigenen Behältern gesammlet, mit Brod, Sallat oder andern Pflanzen gefüttert. Anderwärts werden sie in Kellern zum Gebrauch bewahret, und man säet ihnen Haber, dessen zarte Schößlinge ihnen zur Nahrung dienen. Sie legen Eyer, welche den Hühnereyern ähnlich, aber kleiner und länglichter, und mit Weiß und Dotter versehen sind; diese vergraben sie in den Sand, doch mit der Sorgfalt, daß sie der Sonnen Wärme geniessen und von dieser belebt werden. Aus den im Frühlinge gelegten und verscharrten Eyern kriechen erst nach einem Jahre (nach Marsigli's Angabe) die Jungen aus, und nehmen (nach Marggrafs Beobachtung) sehr langsam an Grösse zu. —

Es scheinet diese Art, nach Alter, Geschlecht und Vaterland, manchen Abänderungen unterworfen zu seyn, und daher entstanden wohl die, sie betreffenden, Verschiedenheiten der Schriftsteller, welche Herr Schneider mit Recht gerügt hat.

Die

Europäische Schildkröte.

Die Abbildung auf der ersten Tafel ist von einem ältern und vollgewachsenen Thiere genommen, welches aus Ungarn gebracht wurde, im Ganzen aber andern, aus der Lombardey erhaltenen, und den meisten in Sammlungen aufbewahrten Schaalen dieser Art, ähnlich. Es ist dieses die gemeine, in den meisten, vorzüglicher aber doch in den östlichen Provinzen Europens sich aufhaltende Wasser-Schildkröte, welche bey den meisten Autoren als die gemeinste unter dem Namen der Schlamm-Schildkröte (T. lutaria) verstanden worden ist. Ausser dem Marsigli hat aber doch keiner eine genauere Beschreibung oder erträgliche Abbildung davon geliefert. Aus vorerwähnter Ursache hat Herr Schneider ihr den Zunamen der Europäischen gegeben; und es schien besser, diesen beyzubehalten, als sie mit einem ungewissen und zweifelhaften Namen der Linneischen Arten zu belegen; denn es ist nicht entschieden, ob sie zur orbicularis oder zur lutaria des Linne gezählet werden müßte, welcher beyder von Linne angegebene Kennzeichen zum Theil der Europäischen anpassend sind, zum Theil auch nicht. Herr Schneider ist der Meinung, daß die Europäische mit der runden (orbicularis) des Linne einerley sey; es widerspricht aber schon der bloße Name, denn alle von mir bis jezt noch beobachtete Panzer der Europäischen Schildkröte sind vielmehr ey- als kreisförmig. Linne beschreibt seine orbicularis in der 10ten und 12ten Ausgabe des Natursystems folgendermassen:

„Die Schaale ist scheibenförmig, etwas platt, und die Füsse mit einer „Schwimmhaut versehen.

„Sie wohnt im mittäglichen Europa. — Die kleine Schaale ist scheiben„förmig, der Rand umher ohne Einschnitte, weder vorne noch hinten „ausgekerbt. Das Bauchschild ist hinten eingeschnitten. Die Finger „an den Füssen werden durch ein Membran in eine scheibenförmige „Taze verbunden."

Von diesen kurzen Merkmalen treffen einige allerdings bey der Europäischen zu, andere aber nicht; alle aber sind auch auf verschiedene andere Schildkröten anwendbar. Das von Linne angegebene Vaterland scheint noch am meisten die Vermuthung zu begünstigen, daß unsere Europäische unter seiner orbicularis verstanden sey. Die lutaria beschreibt Linne also:

„Die Schaale ist etwas platt, die Füsse zum Theil floßartig, die hin„tern drey Rückenschuppen gekielt, der Schwanz halb so lang als der „Körper. —

„Raj. quadrup. 254. Amoen. acad. I. p. 139. n. 23.

Europäische Schildkröte.

„Sie wohnt in Indien und im Orient. — Die Vorderfüsse sind
„mehr, die hintern weniger floßartig. Brustschild ist hinten abge-
„stumpft."

Es erhellet aus diesen Angaben, daß auch die Kennzeichen der lutaria des Linne auf die meisten Individuen passen; und Herrn Schneiders S. 40. seiner Gesch. der Schildkr. geäusserte Meinung: daß nemlich die Linneische orbicularis und lutaria eigentlich nur eine und dieselbe Art sey, gewinnt neue Wahrscheinlichkeit. Es scheint aber noch ausserdem, daß der scharfblickende Linne selbst, in Bestimmung der Unterscheidungskennzeichen für die Arten, orbicularis und lutaria, gewankt habe; indem er in der 10ten Ausgabe seines Natursystems das Rajische Synonymon: Testudo aquarum dulcium s. lutaria, zur orbicularis sezet; in der 12ten Ausgabe hingegen es von da wegnimmt und es der lutaria beyleget, für deren Vaterland er Indien und den Orient angiebt, ob es gleich aus der Rajischen Beschreibung und dem französischen Provinzialnamen: Tortugue d'aigue, deutlich genug erhellet, daß von einer in Europa einheimischen Schildkröte die Rede war. — Eine weitere Schwierigkeit ergiebt sich aber auch daher, daß die Beschreibung, welche Linne selbst aus seinen Amoen. acad. I. p. 139. zur lutaria anführet, gar nicht zu seinem, von dieser Art angegebenen Charakter passe, sondern nach einem ganz andern zu den Landschildkröten gehörigen Thiere entworfen ist; denn die in den Amoenitatibus beschriebene Schildkröte hat kolbichte, ungetheilte Füsse. Aus den zu kurzen und vieldeutigen Beschreibungen des Linne, und zumal da er auf keine Abbildungen dabey verwiesen hat, lässet es sich demnach nicht bestimmen, zu welcher der beyden vorerwähnten Linneischen Arten unsere Europäische ohne Irrthum zu rechnen wäre; man müßte, um gründlich zu entscheiden, die individuellen Exemplare vor sich haben, von welchen er seine Kennzeichen entlehnte.

Die Abbildung unserer europäischen Schildkröte betreffend, ist vor allen Dingen zu erinnern, daß sie nach einem trockenen Exemplar gemacht werden mußte; auf diese Rechnung sind einige unnatürliche am Kopfe derselben bemerkliche Runzeln, und die verdrehte Stellung der Füsse zu sezen, welche vielleicht den Tadel strenger Richter verdienen möchten; da aber die übrige Beschaffenheit des Schildes genau und naturgemäß vorgestellt ist, so hoffe ich für die angezeigten unwichtigern Mängel um desto billigere Nachsicht, wenn man erwägen will, daß es für den Künstler ein gewagtes Unternehmen seyn müsse, die Gestalt und Haltung eines Thieres nach dem Leben auszudrücken, wenn er es nicht lebendig vor sich, oder was hier der Fall ist, auch nicht einmal lebendig gesehen hat.

Europäische Schildkröte.

Die Schildkröte, welche der Graf *de la Cepede* als T. orbicularis L. anführt, ist nach Figur und Beschreibung Tab. V. p. 126. von der unsrigen sehr verschieden, ob er gleich, mit Unrecht, die Namen der Europäischen von Schneider und Wulfen dabey anführt. Der Panzer seiner orbicularis, sagt der Graf, sey von einer lichten Farbe, mit kleinen rothen Punkten besprengt, ihre Nase lang und spitz, der Schwanz kurz, die Füsse kolbicht, zugerundet, und die Finger daran nur an den Nägeln zu erkennen. Die von ihm beschriebenen, nur vier Zoll langen Exemplare, gehören ohne allen Zweifel zu einer der Landschildkröten-Arten. Die T. lutaria des nemlichen Verf. Tab. IV. p. 118. schien eher der unsrigen verwandt zu seyn, wenn man annehmen dürfte, daß die Figur nur schlecht gerathen wäre; welche Voraussezung um so verzeihlicher ist, wenn man bemerkt, daß er in der Beschreibung dem Thiere Schwimmfüsse beylegt, die doch in der Figur gar nicht ausgedrückt sind; aber denn stehet doch noch der gänzliche Mangel der stralichten Zeichnung der Rückenschuppen im Wege, deren er bey dieser Schildkröte nicht erwähnet, ob er gleich weiterhin S. 136. bey Gelegenheit der T. flava, von welcher nachher die Rede seyn wird, saget: daß diese, mit der stralichten Zeichnung versehene Schildkröte, eine grosse Aehnlichkeit mit der lutaria habe. Die Cepedische Figur der T. lutaria hat die meiste Aehnlichkeit mit der Sebaischen fig. 4. Tab. LXXX. oder dessen kleinen Ceilonischen Landschildkröte, nur daß die Sebaische Zeichnung einen kurzen Schwanz anzeiget. Es ist mir noch kein Panzer vorgekommen, der mit dieser Sebaischen oder jener Cepedischen Figur übereingetroffen hätte; ich enthalte mich daher vor der Hand alles Urtheils darüber. Aber dieß muß ich noch erinnern, daß was *de la Cepede* von dem Vaterlande seiner T. lutaria erwähnet, eben so unbestimmt sey, als die ihr zugelegten Synonymen. — Die meiste Aehnlichkeit mit unserer Schildkröte hat wohl die T. flava Cep. Tab. VI. p 135. Die Abbildungen erlauben die genaueste Verwandschaft zu vermuthen, und bis auf die Grundfarbe des Schildes, welche nach *Cepede* ein dunkles Grasgrün (vert d'herbe foncé) seyn soll, stimmt alles übrige vollkommen überein; denn die Beschreibung erwähnt auch der aus kleinen gelben Punkten zusammengesezten stralichten Zeichnung, wodurch sich die Europäische so sehr auszeichnet, und die ich noch bey keiner andern Art bemerkt habe. Wird übrigens die Wandelbarkeit der Farben überhaupt in Anschlag gebracht, so könnte man vielleicht auch noch annehmen, daß die Farbe, welche schon erwiesenermassen bey derselben Art Schildkröten, nach Unterschied der Orte, schwarz, schwarzbraun, oder kastanienbraun seyn kann, in noch andern Gegenden sich auch bis ins Grünschwarz abändern könnte, wenn kein anderer Irrthum dabey vorwaltet. Man wird, hoffe ich, die Vermuthung, daß die Cepedische T. flava eine und dieselbe mit der T. europaea sey, um so weniger unwahrscheinlich finden, wenn man vollends liefet, lieſet, was der Graf von ihrem Vaterlande berichtet: „Die gelbe Schildkröte, ſagt „er, wohnt nicht allein in Amerika und auf dem Himmelfahrts-Eyland, woher (nach „des Herrn Grafen Verſicherung) das in dem Königl. Kabinet befindliche Exemplar „gebracht worden iſt; ſondern ſie wird auch in Europäiſchen ſüſſen Gewäſ„ſern angetroffen, wo ſie einig und allein durch eine minder grü„ne Farbe ſich von den übrigen unterſcheidet." Und da er S. 136. ausdrücklich ſagt, daß dieſe gelbe Schildkröte ſehr viel Aehnlichkeit mit der T. lutaria habe, welche nach ihm die gemeinſte in Europa vorkommende Art ſeyn ſoll, ſo wird es, alle Umſtände erwogen, höchſt wahrſcheinlich, daß Graf *de la Cepede* die gemeine europäiſche Schildkröte für eine ausländiſche angenommen, und ganz unrecht eine neue Art daraus gemacht, indeß er die ihr zukommenden Synonymen andern Arten, ſeiner orbicularis und lutaria nehmlich, beygelegt habe. So hat auch Herr Schneider in ſeinem zweyten Beytrage S. 17. ſchon die Vermuthung geäuſſert, daß die Cepediſche T. flava mit der T. europaea einerley ſeyn möchte, und die Vergleichung der Abbildungen von beyden ſcheint alle Zweifel darüber zu heben.

Der Gewogenheit des Herrn Prof. Targioni Tozzetti zu Florenz habe ich einige Exemplare von Fluß-Schildkröten aus jenen Gegenden zu danken. Bau, Verhältniſſe und Bildung aller Theile ſtimmen vollkommen mit der beſchriebenen Ungariſchen überein; nur die Farbe iſt von der Allgemeinheit abweichend, ſie haben nemlich ein lichteres, helleres Braun zur Grundfarbe, auf welcher jedoch die ſtralichte gelbpunktirte Zeichnung eben ſo deutlich und bemerklich iſt, als an dem auf Tab. I. abgebildeten Thiere. Die in Toskana einheimiſchen Schildkröten ſcheinen aber, auſſer dem bemerkten Unterſchied an Farbe, auch noch an Gröſſe der Ungariſchen nachzuſtehen. Ein paar Exemplare aus dieſen verſchiedenen Gegenden, deren jedes für ein Gröſtes angegeben ward, verhielten ſich nach Vergleichung der Maaſſe, folgendermaſſen gegen einander:

	Ungar.	Toskaniſche.
Länge, von der Naſe zur Spize des Schwanzes,	Zoll 10. Lin. 6.	Zoll 7. Lin. -
des Rückenſchildes	— 7. — -	— 4. — 6.
des Bauchſchildes	— 6. — 6.	— 4. — 3.
des Schwanzes	— 3. — -	— 2. — -
Breite des Rückenſchildes	— 5. — -	— 3. — -
des Bauchſchildes	— 4. — -	— 2. — 6.
Höhe des ganz. Schild., mit Inbegriff des Bauchſchild.	— 3. — -	— 2. — -

Die Fluß = Schildkröte, welche Cetti in Storia di Sardegna Tom. 3. p. 11. beschreibt, soll, nach gegebenen Versicherungen, den Fluß = Schildkröten des übrigen Italiens vollkommen ähnlich seyn. Nichts destoweniger finde ich es nöthig, die vorzüglichsten in Cetti's Beschreibung angegebenen Merkmale hier auszuheben: „Die „Sardinischen Fluß = Schildkröten, sagt er, gelangen kaum zum vierten Theil der „Grösse der Land = Schildkröten (welche er zur T. graeca L. rechnet, ihnen ein Gewicht von höchstens vier Pfund und eine Länge von 6 — 7 Zoll zuschreibt.) „Der „platte Theil des Panzers (das Brustschild?) ist nur 4 Zoll lang, und nach diesem „Verhältniß richten sich alle übrige Theile. An Bildung und Farbe der Schaale „sind sich die Fluß = und Land = Schildkröten ähnlich, ausser daß die Farben stärker, „und die schwarze die herrschende an der Schaale und übrigen Theilen der Fluß = „Schildkröte ist, so daß daher die Sardinier sie vorzugsweise die Schwarze „nennen. Mit deutlich gegliederten, durch eine Schwimmhaut bis an die Spitzen „verbundenen Fingern und Nägeln, sind ihre Vorder = und Hinter = Füsse versehen, „jene mit 5, diese mit 4. Der Schwanz an der Fluß = Schildkröte ist weit länger „als bey der Land = Schildkröte, und hat fast die halbe Länge der Schaale." Zur Unterscheidung der Fluß = und Land = Schildkröten sind die angegebenen Merkmale allerdings zureichend, die auch ausserdem alle auf unsere T. europaea passen; da aber Cetti in seiner Beschreibung so gar nichts von der strahlichten Zeichnung der Schuppen erwähnt hat, so möchte es daher noch zweifelhaft scheinen, ob die Sardinische Fluß = Schildkröte mit unserer T. europaea wirklich von einerley Art sey, zumal Graf Cepede diese Schwarze Schildkröte des Cetti zu seiner Lutaria p. 120. geordnet, die, wie schon erwähnt worden, von unserer europäischen Schildkröte sehr verschieden ist. Die meisten Umstände sprechen für die specifische Identität der sardinischen schwarzen Schildkröte mit unserer europäischen. Nichts destoweniger werden hiemit doch alle Freunde der Naturgeschichte, welche Gelegenheit dazu haben möchten, ersucht, die erwähnten noch obwaltenden Zweifel durch eine genauere Beobachtung vollends zu berichtigen.

Die getüpfelte Schildkröte des Gottwald ist die unsrige, und die nicht naturgemäß ausgedrückte Stellung der Punkte kann keinen gegründeten Zweifel dagegen erregen; denn eben so mangelhaft in Absicht der strahlicht = punktirten Zeichnung ist die Abbildung beym Marsigli, obgleich hier über die Identität der Art gar kein Zweifel statt finden kann. Die Mayerische Figur ist die schlechteste von allen, sowohl wegen der Farben, als wegen der sehr unordentlichen und willkührlichen Angabe von blos kleinen runden Pünktchen. Die Gronovischen Beschreibungen, welche gemeiniglich auf unsere Schildkröte gezogen werden, sind so vieldeutig, daß sie, wenn man

nicht

nicht Zweifel auf Zweifel häufen will, hier unanwendbar sind; ich übergehe sie deshalben für diesmal, und werde sie, nebst andern dunkeln und räthselhaften Beschreibungen von Schildkröten, in einem Anhange zusammen liefern.

Tab. II.

TESTUDO TRICARINATA.

Testa ovali demisse convexa, margine integra, scutellis disci omnibus carinatis.

Dreykielichte Schildkröte.

Rückenschild oval, niedrig gewölbt; am Rande ganz; alle Felder der Scheibe sind gekielt.

Die Abbildung stellet die hier beschriebene Schildkröte in natürlicher Grösse dar. Ihr ovaler, flach gewölbter, aber hoch gekielter Panzer, hatte 17 Parif. Lin. Länge, 15 in der Breite, und ungefähr 7 in der Höhe.

Die Scheibe des Rückenschildes hat 13, sämmtlich runzlicht rauhe, und gekielte Schuppen oder Felder. Die fünf Rückenfelder sind zwar stärker als die übrigen, aber stumpf gekielt, und nach beyden Seiten abschüssig; das vorderste ist das grösseste, so wie das hinterste das kleinste, beyde von fast fünfeckichter Gestalt; die drey mittlern dieser Reihe, das zweyte, dritte und vierte, sind sechseckicht. Ihre Schuppenfelder (areolae) sind verhältnißmässig groß, zunächst dem hintern Rand anliegend, und daselbst mit erhabenen Punkten und Warzen besezt, von welchen aus sich bogichte Runzeln nach dem Vorder- und Seitenrande hin verbreiten. Ein schmaler, leicht gestreifter Saum scheidet den eigentlichen Rand von dem Schuppenfelde mittelst einer zarten gefurchten Linie, welcher Saum in der Figur am ersten und dritten Rückenfelde nur (deutlicher aber an den Seitenfeldern) ausgedrückt werden konnte, und

ein

ein noch unvollendetes Wachsthum des Panzers anzeiget. Die Krümmung des Kiels ist zwar ziemlich gleichförmig, doch abschüssiger am hintersten Rückenfelde, als vorne, welches eine andere Anzeige eines noch jungen Thieres ist, nach Beobachtung nemlich ähnlicher Verhältnisse an den Panzern anderer Arten von ungleichem Wachsthum und Alter.

Die hintern Ränder der Rückenschuppen sind um etwas weniges über den Rand jedes nächstfolgenden erhöhet, ohne daß jedoch die Fortsezung des Kiels dadurch ungleich oder unterbrochen würde. Die Seitenschuppen sind platt-abschüssig. Die erste und größte ist von unregelmäßiger Gestalt; die zweyte und dritte sind von oben niederwärts ablang-fünfeckicht; die vierte ist die kleinste und nähert sich der Gestalt eines verschobenen Vierecks. Ihre Schuppenfelder liegen nach der Mitte des hintern Randes und sind warzicht; eine seichte Linie, die mit dem obern, vordern und untern Rande jeder Schuppe in kleinem Abstande parallel läuft, beschreibt einen schmalen und zart gestrichelten Saum, zwischen welchem und dem eigentlichern Schuppenfelde sich mehrere dorther kommende und dem Rande zulaufende Runzeln befinden. Ein erhabener und gerade laufender Seitenkiel ist an den Seitenfeldern deutlich bemerklich; er theilet sie so, daß der obere Abschnitt ein Drey- (wenigstens am 2ten und 3ten) der untere hingegen ein Viereck bildet. Es beginnt dieser Seitenkiel vorne und zunächst an der Fuge der 2ten und 3ten Randschuppe, und endiget sich hinten bey der Fuge der 11ten und 12ten. Gegen dem hintern Rande jeder Schuppe ist dieser Kiel jedesmal um etwas schwülstiger, nach dem vordern Rande hin aber verkleinert er sich, ohne doch unbemerklich zu werden. Zwischen den angezeigten Warzen und Runzeln ist der übrige Zwischenraum der hornichten Oberfläche ganz glatt.

Der Rand des Oberschildes wird von der Scheibe durch eine bogichte Furche geschieden, ist scharf und ganz, nemlich nirgends weder gezähnelt noch gekerbt. Er enthält 23 kleine Schuppen, deren vorderste die kleinste ist; die übrigen sämmtlich sind ziemlich gleichförmig, vierseitig, wenig gewölbt, und mit der Scheibe gleich abhängig; doch sind die vier hintern etwas breiter und angezogener, als die vordern. Die Randschärfe selbst ist etwas aufgestülpet, so, daß die gelbe Farbe seiner untern Fläche oben um etwas zum Vorschein kommt. Die 5te, 6te, 7te und 8te Schuppe sind am Rande selbst scharf, erweitern sich aber bauchigt nach unter- und auswärts, und durch sie geschiehet die Vereinigung des Rücken- und Bauchschildes.

Die Farbe des ganzen Rückenschildes ist durchaus gleich und dunkelbraun.

Das Bauchschild ist beträchtlich schmäler, als das Rückenschild, ablang, flach, doch nach der Mitte ein wenig vertieft, vorne bogicht, hinten abgestumpft. Die Länge beträgt 14 Linien, die Breite in der Mitte und mit Einschluß der beyden Flügel 11, sonst aber an der Basis des vordern und hintern Ansazes nur 6 Linien. Durch eine Nath in die Länge, und fünfe in die Quere, wird es in 12 ungleiche Felder getheilet, oder nur in 11, wenn das vordere dreyeckichte Segment, welches zwischen den beyden ersten Quernathen enthalten ist, nur für eines gezählet wird, da die durchhingehende Nath nicht sehr deutlich erscheinet. Das Mittelstück des Bauchschildes wird durch zwey ziemlich gerade laufende Quernäthe eingeschlossen, ist ungetheilt, (nemlich nicht, wie in der europäischen Schildkröte, durch die mittelste Quernath in zwey Hälften abgetheilt) und wird mit dem Rückenschilde mittelst anderer kleinerer zwischengelegener Felder, welche eigentlich die Flügel des Bauchschildes ausmachen, verbunden; dieser Zwischenfelder fanden sich an dem abgebildeten Exemplare 3 an der einen, und nur 2 an der andern Seite. Die Näthe sind einfach, schmal gestreift und schwärzlich. Die Farbe des Bauchschildes ist wie die der untern Fläche des Randes gelblich, hie und da braun gefleckt.

Der Kopf des Thieres ist verhältnißmässig groß, von braunschwarzer, zur Seite und unterwärts mit Weiß gemengter Farbe. Die Stirn ist glatt. Die Augenhölen eyförmig. Die Nasenlöcher etwas vorragend. Die Kinnladen scharf und ungezähnelt. Die Haut am Halse ist falticht, warzicht und nicht schuppicht, braunschwarz und unten weißgestreift. Die kurzen und starken Vorderfüsse deckt eine warzicht-schuppichte Haut, und an dem Rücken der Pfoten sind nur hie und da einige breitere Schuppen bemerklich; sie haben 5 mittelst einer Schwimmhaut durchaus verbundene Finger, und eben so viele scharfspizige und gekrümmte Nägel. Die Hinterfüsse sind ebenfalls stark, und etwas länger als die vordern; sie haben nur 4 deutliche und gleichfalls durch eine Schwimmhaut verbundene, mit scharfen Nägeln bewafnete Finger; doch aber scheint noch ein unvollkommner und unbewafneter fünfter Finger da zu seyn. Der mit Schuppen belegte Schwanz ist zugespizt und kurz, so daß er nur wenig über des Rückenschildes Rand hinausraget.

Das Vaterland dieser Art ist unbekannt.

Die Abbildung und Beschreibung dieses kleinen Thieres sind genau nach einem Exemplare gemacht, welches im Besiz des Herrn Professor Hermanns zu Straßburg ist, und dessen gütige Mittheilung für diesen Behuf geziemenden Dank erheischet. Es ist in Weingeist bewahret, und möchte dahero vielleicht einige Veränderung der Farbe erlit-

erlitten haben. Der Geburtsort des Thieres ist unbekannt; auch ist mir diese Art, ausser diesem Hermannischen Exemplare, und einer vom Herrn Prof. Retzius in Lund zugekommenen Beschreibung eines ähnlichen Thieres, sonst nirgend her bekannt worden. An jenem Exemplare fanden sich allerdings zwar verschiedene und unverkennbare Anzeigen seiner noch unvollendeten Ausbildung. Unterdessen sind aber doch die ganze Gestalt des Thieres und der Schaale der Rücken- und Randschuppen, ihre Anzahl und Verhältnisse, die Bildung und Befestigung des Bauchschildes, und mehr andere Umstände so verschieden von allen andern mir bisher bekannt gewordenen Arten, daß ich keinen Anstand nehme, sie vorläufig als eine eigene Art aufzustellen, bis genauere Nachrichten das Gegentheil erweisen. Herr Prof. Hermann bezeichnete sie mit dem Namen *T. orbicularis L.*, und man muß gestehen, daß sie vor vielen andern diesem Namen sehr zu entsprechen scheinen; denn ihr Schild nähert sich der runden Gestalt, ist klein, und die Finger der Füsse sind in eine scheibenförmige Tatze verbunden; so daß alle Merkmale, welche Linné von seiner *T. orbiculari* (oben S. 5.) angegeben, auf diese eben so füglich passen, als auf die Europäische; welche doch aber mit mehr Recht, und aus den oben angeführten Gründen, für diejenige zu halten seyn möchte, welche Linné mit dem Namen orbicularis bezeichnen wollen. Es ist aber unsere Europäische von dieser dreykielichten Schildkröte nicht blos in der Grösse verschieden, sondern auch in der Gestalt des Panzers, den (auch jüngern Thieren) fehlenden Seitenkielen, der Zahl der Randschilder, dem Verhältnisse des Bauchschildes zum obern, dessen ganz verschiedener Abtheilung und Verbindung, der Farbe und mehr andern Umständen.

Die schon erwähnte, von Herrn Prof. Retzius beschriebene dreykielichte Schildkröte kommt nach den wichtigsten Merkmalen allen genau mit der unsrigen überein; ich habe daher auch den ihr von Herrn Retzius beygelegten Namen um so mehr beybehalten, da er charakteristisch, und unter den wenigen Schildkröten, welche Seitenkiele haben, diese die ausgezeichneteste ist. Jenes Lundische Exemplar ist $2\frac{1}{4}$ Zoll lang, $1\frac{1}{4}$ Zoll breit und $\frac{7}{8}$ Zoll hoch; der zwischen dem Bauchschilde und dem Panzer zu beyder Vereinigung eingeschalteten Felder sind auch dort drey an der rechten, und zwey nur an der linken Seite, wie an unserem abgebildetem Exemplare; so bemerkt auch Herr Retzius nur 11 Felder des Bauchschildes, weil vielleicht auch an jenem Exemplar die vordersten Felder undeutlich getheilt sind. Darinn weicht aber die Retziussche Beschreibung ab, daß sie dem Rande des Lundischen Exemplars nur 22 Schuppen zuschreibt, deren an dem Hermannischen 23 sehr deutlich zu sehen sind. Da alle übrige Merkmale so genau übereinstimmen, so möchte ich fast vermuthen, daß diese lezterwähnte abweichende Angabe der Zahl von Feldern am Rande daher entstanden seyn könnte, daß vielleicht die zwischen den beyden hintersten Schuppen befindliche Nath etwas undeutlich (wie dies zuweilen auch bey andern Panzern der Fall ist) war, und Veranlassung gab, beyde nur für eines zu zählen. — Genauere Nachrichten und Erörterungen, über das Vaterland, und zumal den vollwüchsigern Zustand dieser Art, sind noch zu wünschen.

Tab. III.
Fig. 1.

TESTUDO SCABRA. *Retzii.*
Testudo galeata.

Testa depressa, ovali; dorsi scutellis tribus intermediis acute carinatis; marginis scutellis XXIV.

Rauhe Schildkröte.
Gehelmte Schildkröte.

Rückenschild, oval und niedrig; der Scheibe drey mittelste Felder scharf gekielt; am Rand 24 Felder.

Indem ich allenthalben zuverlässigen Nachrichten und Abbildungen der Linneischen Testudo scabra nachspürte, sind mir unter einer und derselben Aufschrift zwey unter sich höchst verschiedene Abbildungen mitgetheilt worden. Die erste Tab. III. fig. 1. danke ich dem Herrn Prof. Retzius in Lund, und wiederhole hier dessen eigene Beschreibung und Anmerkungen wörtlich:

„Die Länge des ganzen Panzers betrug kaum 2½, die Breite 2, die Höhe 1 Zoll.
„Das lebende Thier wog im Monat Junius 1790 neun und eine halbe Drachme Medicinal-

"dicinal-Gewicht. Von den 13 Feldern der Scheibe sind die drey mittelsten, nem-
"lich die 2te, 3te und 4te der mittlern Reihe, scharf gekielt, obgleich der Kiel selbst
"wenig erhaben ist. Von derselben Reihe ist das vorderste Feld durch eine erhabene
"Linie halb und seicht gekielt; das hinterste etwas merkliches. Alle dreyzehn Felder
"sind dunkel aschfarben; sie sind wie mit schwarzen Punkten bestreuet: diese, und
"schwarze erhabene gegen der Felder Mittelpunkt gezogene Linien, geben der Ober-
"fläche ein rauhes Ansehen *). Der Saum der Felder ist längst der Näthe glän-
"zend schwärzlich und schwach gestreift. An einigen Stellen erstrecken sich jene er-
"wähnte erhabene Linien auch bis durch den Saum der Felder, an andern wieder
"nicht. Von der schwer zu beschreibenden Gestalt der Felder giebt die Zeichnung
"eine deutlichere Vorstellung.

"Der Rand des Rückenschildes hat 24 Felder, von gleicher Farbe mit denen
"der Scheibe, übrigens aber sind sie glatt, am Saum weiß und die Näthe schwarz;
"die 10 hintern (5 lezten jeder Seite) und 6 vordern (3 ersten jeder Seite) sind
"scharf gerandet, die mittlern längst der Seite gelegenen aber stumpf, und, wie es
"aus der Zeichnung erhellet, abschüssiger.

"Das Bauchschild ist in der Mitte etwas eingedrückt; bestehet aus 10 grösseren
"und 3 (?) kleineren, nach vorne gelegenen Feldern; ist glatt, hinten abgestumpft; weiß
"und braun gewölkt, und hat schwarzbraune Näthe.

"Der Kopf hat $\frac{5}{8}$ Zoll Länge und $\frac{1}{2}$ in der größten Breite; ist glatt und wie
"mit einem Harnische versehen. Der Schnabel kurz und ungezähnt; die Nasenlöcher cy-
"lindrisch; die Augenhölen groß, rund, schräge und dem Schnabel nahe liegend. Die
"Gehörwerkzeuge liegen unterhalb des auf dem Kopfe bemerklichen Helms (welcher
"mit dem Rücken gleiche Farbe hat) und sind durch einen weissen eyförmigen Fleck
"bedecket, der eine vertiefte Einfassung hat. Ueber jedem Auge ist eine besondere
"Nath sichtbar, von welcher aus noch eine andere sich zwischen dem Auge nach dem
"Schnabel hin erstrecket.

"Der Kopf ist unten weißlich, so wie auch die Kehle und der ganze Hals un-
"terhalb weißlich und zart gerunzelt sind; die obere Kinnlade ist am Rande eben-
"falls weiß.
"Zwey

---

*) Dieses rauhe Ansehen wird nicht leicht bemerkt, woferne das Schild nicht von dem an-
hängenden Schleime wohl gereiniget ist; im trocknen Zustande aber ist es deutlich genug.

„Zwey kurze, bewegliche, fadenförmige Anhängsel (Cirri) oder Warzen stehen an jedem Rande des untern Kiefers.

„Der Hals ist von ungefähr gleicher Länge mit dem Kopfe, aber doch schmäler, und von jenem durch eine nach vorne gekehrte Falte, zumal wenn er nicht ausgestreckt ist, unterschieden.

„Die Füsse sind floßartig; oben braun, unten schmuzig weiß, am obern Theile runzlicht, an den Schenkeln schuppicht; alle haben fünf Finger, und eben so viele zugespizte Nägel, welche jeder aus einer eigenen mit einer spizigen Schuppe belegten Scheide hervorgehen. Die Hinterpfoten sind abgestumpft, die vordern schräge zugerundet; die Nägel nach vorne gestreckt. Der Schwanz ist konisch, spiz, und raget nur wenig über den Rückenschild hervor.

„Das Vaterland dieser Schildkröte ist Ostindien, woher sie (doch ohne genaue Angabe des Orts) gebracht worden. Sie hat zwey Jahre bey mir gelebt. Geschlecht und Alter sind mir unbekannt geblieben. Sie wurde in süssem Wasser unterhalten, doch mochte sie auch zuweilen gerne im Trocknen seyn, ob sie gleich bey mir niemalen über einige Stunden ausser dem Wasser war. Nur einmal hörte ich sie einen schwachen und rauhen Ton von sich geben, und zwar im Winter, zu welcher Jahrszeit das sie enthaltende Glas und Wasser in der Nähe des Ofens gestellt blieb. Ihre Nahrung war Weizen- oder Roggenbrod. Fliegen, denen man Flügel und Füsse abgerissen hatte, verschlang sie zuweilen begierig, anderemale verschmähte sie solche; Pflanzen rührte sie niemals an. Vom Anfang des Oktobers bis zur Mitte des Mayes nahm sie keine Nahrung, erhob dann nur selten den Kopf über das Wasser, und warf keinen Unrath aus, welcher in der übrigen Zeit weiß, wie Mäusekoth gebildet und zusammenhängend war. Am Sonnenschein ergözte sie sich; sie pflegte dann, sich auf die Hinterfüsse stüzend, an den Seiten des Glases zu lehnen, öffnete und schloß mit trägem Wohlbehagen die Augen wechselsweise."

Dieser vorhergehenden Beschreibung hat Herr Retzius noch einige andere minder wichtige Bemerkungen beygefüget, übrigens aber wiederholt versichert, daß diese seine Schildkröte die **wahre rauhe Schildkröte des Linne** sey. Es sind aber die Meynungen über die erstgenannte Linneische Art so verschieden und widersprechend, daß Herr Schneider (Naturgesch. der Schildkr. S. 327.) sie durchaus für eine zweifelhafte, mit andern vermengte und verwechselte Art erklärte, deren Namen dahero gänzlich aus dem Verzeichnisse auszustreichen wäre. In der That sind

auch

auch die einzelnen Beschreibungen, Abbildungen und Berichte, welche man der vermeintlichen Linneischen rauhen Schildkröte untergelegt hat, so abweichend von einander, daß es Unmöglichkeit ist, die Streitfrage zu entscheiden, woferne man nicht das unbezweifelte Individuum wird aufbringen können, von welchem Linné seinen Namen und Charakter entlehnet hat. Damit man aber desto eigentlicher über die obwaltenden Zweifel urtheilen möge, so ist es nothwendig hier anzuzeigen, was Linné zur Bestimmung seiner rauhen Schildkröte in der zwölften Ausgabe des Natursystems gesagt hat.

„Rauhe Schildkröte; mit Schwimmfüssen, niedrigem Rückenschilde, des„sen mittelste Felder gekielt sind.

Seb. Mus. I. Tab. 79. f. 1. 2. — Gronov. Zooph. 74.

„Wohnt in Ostindien und Carolina. Der Panzer ist zur Seite und unten „weiß und schwarz gefleckt; auf dem Rücken gekielt; vorne ausge„schweift. Bauchschild vorne abgestumpft. Füsse floßartig, mit schar„fen Nägeln versehen."

Dies ist alles, was Linné zu ihrer Bezeichnung anführet; es sind aber diese Merkmale nicht zureichend, denn sie passen auch auf andere Arten. Und es ist sogleich zu bemerken, daß einige Umstände, welche in der Sebaischen Beschreibung der hieher gezogenen Figur erwähnt sind, neue Undeutlichkeit veranlassen. Seba sagt nemlich von seiner auf der 79. Pl. F. 1. 2. vorgestellten Schildkröte, daß jeder Fuß fünf Finger habe, und so viele zeiget auch das Bild deutlich an. Linné aber ziehet diese nemliche Abbildung im Museo Adolpho-Friderici. S. 50. wieder auf ein, nach dasiger Beschreibung, ganz anderes Thier, dessen Hinterfüsse nur vier Finger haben. Ferner sagt Seba von seiner Schildkröte, sie sey unten „gelb und roth," — Linné aber von seiner rauhen, sie sey unten „weiß und schwarz." —

Diejenige Schildkröte, welche Herr Wallbaum (Chelonogr. p. 63.) unter dem Namen der Warzichten beschrieben und für die rauhe des Linné ausgesprochen, hat auf dessen Wort und Glauben Herr Gmelin in der neuesten Ausgabe des Natursystems an die Stelle der Linneischen T. scabrae eingeschoben. Es ist aber auch diese Wallbaumische rauhe Schildkröte von der Retziusschen gänzlich verschieden: 1) an der Zahl der Randschilder, deren Wallbaum 25 anzeigt; 2) an der Figur des Bauchschildes, welches bey jener am Hintertheil ausgeschnitten und

gekerbt

gekerbt ist; 3) an der Abwesenheit der Bartfasern oder Warzen des Kiefers; 4) an der Zahl der Finger, deren die Wallbaumische nur vier an den Hinterfüssen hat; und endlich 5) an der Bildung des Randes, welcher (S. 65. des angez. Buches) „nach seinem Umfang flachbogicht, nach hinten abgerundet, dabey auch etwas sägen„artig gezähnt, und endlich über dem Schwanze ausgekerbt„ beschrieben wird.

Wieder ein ganz anderes, und von unserem höchst verschiedenes Thier, ist die auch unter dem Namen der rauhen (T. raboteuse) vom Grafen *de la Cepede* beschriebene, und auf der 10ten Taf. seines Werkes vorgestellte Schildkröte. Nicht nur der erste Blick auf die Figur überzeugt davon, sondern auch die Beschreibung, welche nicht einmal dem Namen, noch weniger den übrigen Kennzeichen entspricht. „Die Felder des Rückenschildes, heißt es, sind glatt und eben; haben keinen un„furchten Saum, und der Kiel durchläuft den ganzen Rücken.„ Zwar hat der Rand, nach der Cepedischen Figur, auch 24 Felder; sie sind aber ganz anders, als bey der unsrigen, abgetheilet; dort liegen nemlich 11 an jeder Seite, welche mit einem vordersten und einem hintersten die Zahl der 24 voll machen; die rauhe des Herrn Retzius hingegen hat 12 Felder an jeder Seite, gleich abgetheilet.

Die auf die Linneische rauhe Schildkröte gezogene Beschreibung des Gronov, aus Zoophyl. n. 74., ist ebenfalls ganz unbestimmt und räthselhaft. Herr Schneider bezweifelte daher die Existenz einer rauhen Schildkröte als eigene Art, und vermuthete, daß was Linne mit jenem Namen belegte, eine blosse Spielart der Europäischen Schildkröte gewesen sey. In dieser unerwiesenen Voraussetzung folgte ihm dann Herr Gmelin, sezte die eigentliche Linneische rauhe Schildkröte unter die Synonymen der Europäischen, und dagegen unter den Linneischen Namen, die Kennzeichen und Beschreibung der Warzichten Schildkröte des Herrn Wallbaums.

Aus dem angeführten kann nun leicht gefolgert werden, wie mißlich und unzuverläßig es sey, jene Linneische Arten mit ungezweifelter Gewißheit bestimmen zu wollen; es sey denn, daß man sich mit Muthmassungen begnüge, oder mit Machtsprüchen entscheide. Bey so sehr verschiedenen und unter sich abweichenden Meynungen aber hielt ich es für zuverläßig, und meinem Plane entsprechend, die Beschreibung und genaue Abbildung eines Thieres mitzutheilen, welches für die eigentliche rauhe Schildkröte des Linne' von einem verdienstvollen schwedischen Naturforscher gehalten wird; — und wenn sie es auch nicht seyn sollte, dennoch als eine bisher noch unbeschriebene und unabgebildete willkommen seyn wird, deren Bekanntschaft Herrn Retzius verdankt werden muß.

Diese

Diese vom Herrn Retzius mitgetheilte Abbildung hat der Herr Prof. D. Swartz zu Stockholm mit einem andern Exemplar, welches im Cabinet der königl. Akademie der Wissenschaften daselbst im Weingeist aufbewahrt wird, verglichen, und ihm sehr, auch der Grösse nach, ähnlich befunden; nur daß dort der Rücken etwas höher gekielt schiene, und die Farben durch den Weingeist ausgezogen und unkenntlich sind. — Wegen des sonderbaren Schildes, womit der Kopf dieses Thieres belegt ist, möchte, wenn eine Abänderung des Namens nöthig werden sollte, der Name: Gehelmte Schildkröte, entsprechend vorzuschlagen seyn.

Tab. III.
Fig. 2.

TESTUDO SCRIPTA.

Testudo scabra. THUNBERG.

Testa orbiculari, depressa; scutellis omnibus superne characteribus notatis; marginis XXV. inferne guttatis.

Charakteren-Schildkröte.

Rauhe Schildkröte. Thunbergs.

Rückenschild kreisförmig und niedrig; oben durchaus mit schriftähnlichen Zügen bezeichnet; die 25 Randfelder haben unten jedes einen schwarzen Fleck.

Die dritte Tafel stellet noch eine andere für die rauhe des Linne angesprochene, neue und noch nirgends abgebildete Schildkröte dar. Ihre Bekanntschaft und Mittheilung danken wir dem Herrn Ritter Thunberg. Er hat zwar keine weitere Beschreibung des Thieres gegeben; unterdessen erhellet schon aus der Abbildung, daß auch auf diese die Linneischen Kennzeichen seiner rauhen Schildkröte passend seyen; denn

Charakteren-Schildkröte.

„der Panzer ist niedrig, vorne ausgeschweift, der Rücken kielförmig; die untere „Seite weiß und schwarz gefleckt; die Füsse floßartig und mit spizigen Nägeln ver„sehen." Nichts destoweniger ist es sehr zu bezweifeln, daß Linné, indem er die Kennzeichen seiner rauhen Schildkröte bestimmte, ein diesem ähnliches Thier vor sich gehabt habe; denn zuverläßig würde er nicht unterlassen haben, die so auffallenden schriftähnlichen Züge zu bemerken, womit das Rückenschild bezeichnet, und durch solches vor vielen andern so besonders ausgezeichnet ist.

Da ich das Thier, dessen mitgetheilte Abbildung die 2te und 3te Fig. wiederholet, nicht selbst gesehen, und Herr Thunberg keine nähere Beschreibung davon gegeben, so kann ich auch mehr nichts, als was die Betrachtung des Bildes ohnehin gewahr werden lässet, davon sagen. Der Umriß des Panzers nähert sich dem Kreisförmigen am meisten, und scheint sehr niedrig oder gedrückt und am Rande gekerbt zu seyn. Die Vereinigung des Rücken- und Bauchschildes geschiehet nicht blos durch den mittlern Theil des leztern, sondern auch noch durch erweiterte Ansäze der vordern und hintern Lappen; auch ist zwar das Bauchschild, wie in den meisten Arten, an die vier mittelsten (das 5te bis zum 8ten) Randschilder beveftiget, welche sich aber an diesen Arten nicht, wie bey andern, nach unten und bauchicht zu dieser Absicht zu erweitern scheinen.

Ob die auf dem Oberschilde sichtbaren schriftähnlichen Züge nur leicht darauf gezeichnet oder tiefer eingegraben sind, ist mir unbekannt, — so wie auch das Vaterland des Thieres, und was sonst zu dessen Geschichte gehöret.

Daß sie eine Wasser-Schildkröte sey, leidet wohl keinen Zweifel, wenn auch, wie es zu vermuthen ist, die Zeichnung der Füsse etwas verunstaltet seyn sollte.

Tab. III.

Tab. III.

Fig. 3.

TESTUDO CINEREA. *Brown.*

Testa ovata, depressa, integerrima, laevi; carina et scutellorum
suturis albo fasciatis.

The cinereous Tortoise. New Illustrations of Zoology by *Peter Brown.* London
1776. 4. Tab. XLVIII. fig. 1. et 2.

Tortue cendrée. T. cinerea, digitis membrana unitis, testa elliptica, cinerea, depressa,
lunulis albidis margine variegata. *Bonaterre* Erpetolog. Gen. Testud. n. 14.

Aschfarbigte Schildkröte. *Schneider* in Schrift. d. Berl. Ges. Naturf. Fr. IV. B. 3. St.
p. 268.

Aschfarbichte Schildkröte.

Rückenschild eyförmig, niedrig, glatt und am Rande ganz; längst dem Kiel
und den Näthen der Schuppen weiß gestreift.

Die Abbildung dieser Schildkröte ist aus dem angezeigten Brownischen Werke entlehnt, wo nur folgende ganz kurze Beschreibung von ihr gegeben ist:

„Die Figur zeiget die Gröſſe des Thiers; an den Vorder- und Hinterfüſſen
„ſind fünf, mit eben ſo vielen Nägeln bewaffnete, Finger. Die Farbe iſt aſchgrau.
„Die Schaale iſt am Rande umher ganz, und mit weiſſen Streifen zierlich be-
„mahlt. Sie befindet ſich im Cabinet des Herrn Richard Green, Apotheker zu
„Litchfield. Ihr Vaterland iſt unbekannt."

Auf den erſten Anblick ſcheinet die Abbildung dieſer aſchfarbichten Schildkröte wenig von der unterſchieden zu ſeyn, welche zunächſt unter dem Namen der gemahlten Schildkröte folgt. Bey ſorgfältigerer Betrachtung ergeben ſich jedoch wichtige Verſchiedenheiten, in ſo ferne man nemlich annehmen darf, daß die Brownische

Figur seinem Originale getreu entspreche. Es lassen sich nemlich an der aschfarbichten Schildkröte auf der Scheibe, und zwar zwischen den ersten Feldern der Mittelreihe und der Seite, zwey kleinere eingeschaltete und bey andern Schildkröten ungewöhnliche Felder wahrnehmen, wenn man anders dieses, zufolge des dort angeangezeichneten, elliptischen Streifes, vermuthen darf; daß aber diese Vermuthung nicht ganz ungegründet und gewagt sey, erhellet daher, weil ausser der Rückenlinie alle übrige Näthe zwischen den Feldern mit einem ähnlichen Streife bemahlet und angedeutet sind. Ueberdieses hat diese aschgraue Schildkröte eine ganz geradlinichte Vertheilung dieser Binden, welches nicht also bey der Gemahlten ist. Ferner ist die Zahl der Randschuppen bey beyden verschieden; ihrer hat die aschgraue Schildkröte nur 24, indem ihr die vorderste schmalste Schuppe fehlet, welche bey der Gemahlten die 25ste ausmachet. Bey der aschgrauen Schildkröte ist das Bauchschild nach hinten abgekürzter, und ganz anders gestaltet, als bey der Gemahlten, welche auch nur 4 Finger und Krallen an den Hinterpfoten hat. Weiter sind Bildung der Füsse und des Kopfes, Struktur und Farben der Schaale so abweichend, daß man sie schon, blos nach dem Gemählde zu urtheilen, für eigene Arten zu halten berechtiget ist. Da jedoch eine Vergleichung beyder Thiere in der Natur nicht statt fand, und es unbillig wäre, die an dem Bilde der aschgrauen Schildkröte bemerkten Eigenheiten blos als Verunstaltungen des Mahlers ansprechen zu wollen, so habe ich keinen Anstand genommen, im Vertrauen auf die Genauigkeitsliebe des gedachten Herrn Brown, die Abbildung dieser von ihm zuerst und allein bekannt gemachten schönen Schildkröte von ihm zu entlehnen.

Erst spät, und nachdem dieses schon geschrieben und die mitgetheilte Figur schon gestochen war, wurde mir die anderweitige Nachricht bekannt, welche Herr Schneider von dieser nemlichen Art in dem oben angezeigten Buche gegeben, und zwar nach einem Exemplar, welches im Besiz des Herrn D. Blochs ist. Nach der Angabe des Verkäufers, sollte sie aus Nordamerika, und zwar vom Lorenzofluß gebracht worden seyn. Ihr Bauchschild hat auf beyden Seiten zwey Haken oder Angeln, wie die gemeine Europäische Schildkröte, und wird, wie bey jener, vermittelst einer sehnichten Haut mit dem Ober-Schilde verbunden. Hierinn weicht sie also schon beträchtlich von der Struktur der folgenden gemahlten Schildkröte ab; so wie auch diese Einrichtung, nebst der Bildung der Füsse, unwidersprechlich auf eine Wasserschildkröte deuten. Das Blochische Exemplar ist drey und ein halbmal grösser als das Brownische. Die Grundfarbe, welche bey Brown viel zu dunkelblau angegeben worden, ist lichtgrau, oder eigentlich aschfarbicht, und die Einfassungen der Rücken- und Randfelder mehr strohgelb, als weiß. Die Gestalt der Felder ist, nach Hrn. Schneider,

nicht

nicht so eckicht, wie Browns Zeichnung sie darstellet. Das Blochische Exemplar hat, wie jenes, auch 15 Felder auf der Scheibe; in der Mittelreihe 5, an der linken Seite aber 6, und rechts nur 4. Der Schwanz ist nach Verhältniß lang. Die Gestalt des Bauchschildes, und alles übrige, stimmen an beyden überein, bis auf die Farbe, welche im Ganzen mehr ins Gelbe fällt, da wo Browns Abbildung Weiß hat. Von dieser mit sanften und schönen Farben gezierten Schildkröte hat Herr Schneider eine Abbildung veranstaltet, welche er bey einer andern Gelegenheit mitzutheilen verspricht.

Tab. IV.

TESTUDO PICTA.

Testa depressa glaberrima, scutellis disci medii subquadrangulis, flavo marginatis; sterno scuto longitudine aequali.

T. *picta*, testa plana, utrinque macula duplici ex atro-caerulescente notata, scutellis margine flavo cinctis, collo per longitudinem flavo nigroque striato. *Linn.* Syst. nat. ed. *Gmel.* p. 1045. n. 30.

T. picta Hermanni. *Schneid.* Schildkr. p. 348.

T. novae Hispaniae. *Seb.* Thes. I. Tab. 80. fig. 5.

Flat Broock Turtle, *Pensylvanis.*

Gemahlte Schildkröte.

Rückenschild niedrig und ungemein glatt; mittlere Felder der Scheibe fast viereckicht, mit gelben Einfassungen; Bauchschild von gleicher Länge mit dem obern.

Länge des abgebildeten Schildes beträgt 5½, Breite in der Mitte 3¾, über den Schenkeln 4, und die Höhe 1½ Zoll. Das Rückenschild ist niedrig, aber sanft und gleich gewölbt, durchaus glatt und von ablanger Figur. Seine Hauptfarbe ist schwer durch Worte auszudrücken, und ist ein eigenes mit Gelb gemischtes lichtes Braun.

Braun. Dreyzehn wenig konvexe Felder bedecken die Scheibe; sie sind sehr und fast glänzend glatt, ohne die mindeste Spur von Furchen oder Schuppenfeldern; fast alle nähern sich der viereckichten Gestalt, mit Ausnahme der drey vordersten, und der zwey lezten in der Mittelreihe; die Seiten der Felder sind mehr gebogen als gerade, ihre Ecken meist stumpf, und die Vereinigung und Näthe nur leicht gefurcht. Das erste Feld der Mittelreihe ist einfarbig, bis auf eine gelbe innerhalb zwo schwarzen, über die Mittellänge hin laufende Linie, durch welche es in zwo gleiche Hälften getheilt wird; übrigens ist es von unregelmässiger fünfeckichter Gestalt, und nach vorne etwas breiter; der Vorder- und Hinterrand sind in entgegengesezten Richtungen aus- und eingebogen; die Seiten krummlinicht. Das nächstfolgende Feld ist grösser als die übrigen, und dessen vorderer Rand, mittelst welches es sich an die ihm vorliegenden anschliesset, ist in der Mitte mehr vorwärts gezogen, und mit einem breiten gelben, hinten durch eine schmale schwarze Linie begränzten Saum bemahlet; der übrige Theil dieses Feldes ist fast viereckicht, mit etwas gebogenen Seitenlinien, und wird durch die über den Rücken laufende Linie wieder in zwey lange Vierecke abgetheilt. Das dritte neiget sich nach hinten abwärts, ist an sich breiter als das vorhergehende, aber nach vorne mit einem schmälern gelben Saum versehen, doch eben so mittelst der gelben Rückenlinie in zwey gleiche Vierecke abgetheilt, welche nach vorne in spizigen, nach hinten aber in stumpfen Winkeln sich an einander schliessen; die Seiten dieses Feldes sind ebenfalls geschweift. Das vierte Feld ist nach seinem vordern Rande wieder breiter als das dritte und geschweifte, dessen hinterer Rand aber schmäler und geradelinicht; die Seitenränder laufen in scharfer und gekrümmter Richtung nach hinten; der vordere gelbe Saum ist schmal, und die gelbe Rückenlinie theilet dieses Feld in zwey abgestumpfte Dreyecke. Das fünfte Feld ist das kleinste, von fast sechseckichter Gestalt und geradlinichten Rändern, mit gelben Vordersaum und Mittellinie. Einen eigentlichen Kiel hat dieses ganz glatte Schild nicht, an dessen Stelle aber durchläuft die in der Beschreibung der einzelnen Felder mehrmals erwähnte, gelbe Rückenlinie, die volle Länge des Oberschildes, von der vordersten und kleinsten Randschuppe bis zur hintersten nach der Mitte; und wird an jeder Seite von einer schmälern schwarzen Linie begleitet.

An jeder Seite der Scheibe liegen vier Felder; das erste von unregelmässiger Gestalt, und einfärbicht; das zweyte, dritte und vierte sind viereckicht, aber von nach hinten zu abnehmender Grösse, und von stumpfen Winkeln; der vordere gelbe Saum eines jeden ist gerade und breit, der obere gekrümmt und schmal, aber ebenfalls durch eine zarte schwarze Linie von der Hauptfarbe der Felder abgeschieden.

Die

Gemahlte Schildkröte.

Die so bemahlten vordern Säume der Felder bilden durch ihre Vereinigung sechs gelbe Streifen von ungleicher Breite, wovon drey quer über die Scheibe, und die drey schmälern nach der Länge hin laufen. Nur allein die mittelste oder Rückenlinie läuft gerade; die übrigen sind verschiedentlich gebogen.

Von Schuppenfeldern und Furchen sind auf der erwachsenen Schaale keine Spuren.

Des Oberschildes Rand ist mit der Wölbung desselben fast gleich abschüssig und scharf, nur in den Seiten ist er etwas angezogener und stumpf. Er hat 25 Schuppen, wovon die erste und ungepaarte die kleinste und schmalste, ein wenig an der Spize ausgezackt, und nach der Länge durch einen gelben Strich getheilet ist; die drey vordern an jeder Seite sind scharf, ganz und horizontal auslaufend; die vier nächstfolgenden jeder Seite sind von oben herab abschüssiger, enger, angezogener, unterwärts ausgewölbter und breiter, und vereinigen sich mit dem Bauchschilde, welches mit seinen kurzen Flügeln unmittelbar an die 5te und 6te Randschuppe anschliesset; die vierte und siebente aber sind an diesen zunächst liegenden Randhälften stumpf, an den abgekehrten aber, wie der übrige Rand, scharf; mit den stumpfen Hälften stehen sie gleichfalls, mittelst zwischen eingeschalteter Knochen, mit dem Bauchschilde in Verbindung; die fünf hintersten Randschuppen erweitern sich wieder, sind scharf, ganz, und horizontal ausstehend. Den Rand schliessen zwo über dem Schwanze liegende Schuppen, welche aber dem abgebildeten Exemplare mangelten, wahrscheinlich nur aus Alter oder durch Zufall, weil auf einer Seite noch Ueberbleibsel davon zu sehen sind.

Die Farbe der Randschuppen ist dieselbe mit der Hauptfarbe des Rückens, doch etwas mehr ins Schwarze ziehend; den mittlern Theil einer jeden nimmt ein gelber oder orangenfarbiger Fleck ein, und diesen umgiebt in einigem Abstande eine Bogen- oder dem Buchstaben Π ähnliche Linie von derselben Farbe; diese Bezeichnung ist auf verschiedenen Exemplaren mehr oder weniger deutlich ausgedrückt. Die untere Fläche des Randes hat ähnliche Verzierungen, und ein länglicht-runder Fleck von hellerer Farbe stehet immer in der Mitte jeder Schuppe.

Das Bauchschild kommt an Länge, und zumal vorne, dem Oberschilde fast immer gleich; es ist von ablanger Figur, der vordere Theil abgerundet, der hintere abgestumpfet, beyde leicht gezackt und etwas aufwärts gebogen. Durch eine Nath in die Länge und fünfe in die Quere, (von welchen leztern das vorderste und hinterste Paar sich

sich in scharfen Winkeln schliessen) ist es in zwölf ungleiche Felder getheilet. Der Mitteltheil des Bauchschildes hat kurze und wenig aufgebogene Ansäze, welche durch eine enge, feste und knöcherne Nath an das Oberschild anschliessen; diesen Mittel= theil des Bauchschildes bezeichnen die zweyte mehr gerade und die vierte gebogene Quernath; ihn selbst aber theilet die dritte oder mittelste, auch gebogene Quernath in zwey ungleiche Hälften. Ausser diesen erwähnten Näthen, welche eigentlich nur die hornichten Belegungen des Bauchschildes verbinden, wird man an dieser Schild= kröte auch noch andere drey quer über laufende Linien gewahr; nemlich a) eine, wel= che in meist gerader Richtung das Bauchschild durchschneidet; in der Gegend ihres Zusammenflusses mit der langen Mittelnath ist ein Fleck bemerklich, welcher das An= sehen eines ehemals da befindlichen Nabels erregt, aber doch nicht bey allen ange= troffen wird; b) zwey Linien auf dem vordern Theil laufen zwischen der ersten und zweyten Nath vom Rande nach der Mitte, und endigen sich an einem ihm gleichsam eingeschalteten eyrunden Flecke; c) eine Querlinie zwischen den beyden hintersten Quer= näthen. Diese Linien aber sind die eigentlichen Knochennäthe des Bauchschildes selbst, (denn der Knochenbau aller Schildkrötenpanzer hat seine eigene Fügungen, und diese treffen fast niemalen mit den Näthen der aufliegenden hornartigen Schuppen zusam= men,) welche nur an dieser Art durch die sehr zarte und dünne Schuppenbelegung zum Vorschein kommen.

Die Farbe des Bauchschildes ist blaßgelb oder weiß, hier und da dunkel ge= wölkt; nur der äusserste Theil seiner dem Rückenschilde anschliessenden Flügel hat mit dessen unterem Rande gleiche Farben.

Der Kopf ist nach Verhältniß des Thieres klein, platt und ablang, dessen runz= licht=schüppichte Haut schwärzlich mit eingemischtem Gelb. Die Kinnladen ungezähnelt. Die Vorderfüsse halb=flossartig mit 5, die hintern ganz flossartig mit 4 Fingern; alle mit langen, gebogenen, scharfen Nägeln versehen; doch die hintern länger und stärker.

Der Schwanz ist ein Viertheil so lang als die Schaale, schuppicht, schwarz und der Länge nach gelb gestreift.

Die Abbildung dieses Thieres ist nach einem getrockneten Exemplar gemacht, da= her ist die Darstellung der äussern Theile zwar steif, aber doch getreu.

Sie gehöret zu den Fluß=Schildkröten; welches auch der Bau der Füsse und der niedrige Panzer anzeigen, obgleich die enge und knöcherne Vereinigung beyder

Schil=

Gemahlte Schildkröte.

Schilder das Gegentheil, nach den von andern Naturforschern angenommenen Grundsäzen, beweisen müßten.

Ihr Vaterland ist Nordamerika; sie liebt stille und tiefe Flüsse und einsame Orte. An heitern Tagen pflegen sie sich haufenweise auf Stämmen oder aus dem Wasser ragenden Steinen zu sonnen; sind aber sehr scheu und tauchen schnell unter das Wasser, so bald ihnen jemand nahe kommt. Auf dem Trocknen kriechen sie ungemein langsam, aber desto schneller schwimmen sie; sie sollen sich Stunden lang unter dem Wasser aufhalten können, ausser und ohne Wasser aber dauern sie nicht lange. Man sagt, sie seyen sehr gefrässig und den jungen Enten gefährlich, welche sie bey den Füssen unter das Wasser ziehen und verzehren. Sie sind von schönem und reinlichem Ansehen. Grösser, als die abgebildete ist, werden sie nicht leicht gefunden. Man bedient sich ihrer auch zur Speise.

Die Sebaische oben angezogene Figur kommt mit der unsrigen so genau überein, daß kein Zweifel über deren Vorstellung eines und des nemlichen Thiers bleiben kann. Seba giebt folgende Beschreibung: "Schildkröte aus Neuspa= "nien, von den Portugiesen Ragado d'Agoa genannt. Eine kleinlichte Art, mit "glattem polirtem Schilde, von blasser gelbröthlichter, fast Orange=Farbe; "die Schuppen, aus welchen das Schild zusammengesezt ist, sind durch blaßgelbe "Streife, fast in geometrischen Abtheilungen, bezeichnet. Kopf, Füsse und Schwanz "sind tief orangefarbig." Es erhellet, daß nur in Farben die Sebaische von der unsrigen abweiche, welches vielleicht auf Rechnung des Climas zu sezen wäre, (weil Seba Neuspanien, also südlichere Gegenden von Amerika, für das Vaterland der seinigen angiebt,) wenn nicht auch, durch Zufall oder Zeitlänge, die Farbe des Sebaischen Exemplars sich etwa verändert hätte.

Die gemahlte Schildkröte Gmelins, nach Hermann, bin ich geneigt für einerley mit der beschriebenen zu halten. Es war nur ein kleines, junges Thier, von der Grösse eines Apfels, und in Weingeist bewahrt, von welchem die Kennzeichen, nach Schneider S. 348. entlehnt wurden. Alles trift zusammen, nur vermisse ich "die zwey dunklen blaulichten Flecken an jeder Seite des Rückenschildes" — an meinen erwachsenen Exemplaren.

Erst kürzlich erhielt ich eine jüngere Schaale dieser Art vom Herrn Prof. Heinrich Mühlenberg, aus Pensylvanien. Sie ist 4 Zoll lang, 2¾ breit, ⅞ Zoll vom Rande und 1½ Zoll vom Bauchschilde auf, hoch. Die Farbenstellung des Randes

des ist zwar bemerklich, aber nicht so bestimmt angezeichnet, als in unserer, und der Sebaischen Figur. Hingegen ist die untere Seite des Randes an dieser jungen Schildkröte niedlich und mit lebhafteren Farben, mit aschgrau, orange und gelbroth, bemahlet, aber in Nachahmung der selben, auf unserer Figur angedeuteten Stellung. Auf dem Vordertheil des Bauchschildes erblickt man einen ähnlichen ovalen Fleck. Das Bauchschild ist weiß. Beyde Schilder sind auf das innigste und festeste aneinander gefüget. Daß sie eine Wasser-Schildkröte sey, und gerne an Mühlendämmen wohne, sagt auch Herr Mühlenberg. Sie vergräbt sich im Oktober in sumpfichte Orte. Weiter bemerkt Herr Mühlenberg, das Bauchschild sey weiß und dunkel gefleckt, öfters auch röthlich; der Kopf habe gelbe Punkte, die Füsse zuweilen blutfarbige Striemen; überhaupt sey es eine der niedlichsten und schönsten Arten. Diese junge Schaale ist ganz glatt, ohne Eindrücke von Schuppenfeldern, und mit nur sehr dunklen Spuren von Runzeln am Umkreise der Felder. Verhältniß, Farbe und Zeichnung sind übrigens bey dieser jungen wie der abgebildeten älteren.

Tab. V.
TESTUDO PUNCTATA.

Testa oblonga, modice convexa, laevi, fusca, guttis flavis sparsis.

Testudo terrestris Amboinensis. *Seba* thes. T. I. tab. 80. fig. 7.
T. anonyma. *Schneid.* Schildkr. 2ter Beytr. p. 30.
T. guttata. Getüpfelte Fluss-Schildkröte. *Schneider* in den Schrift. der Berl. Naturf. Fr. IV. B. 3. St. p. 264.

Getüpfelte Schildkröte.

Rückenschild ablang, niedrig gewölbt, glatt, dunkelfarbig, mit zerstreuten gelben runden Flecken.

Verschiedene ausgewachsene Schaalen dieser Art hatten eine Länge von 45, Breite von 33, und Höhe von ungefähr 13 Linien, welches demnach ein Verhältniß von

Getüpfelte Schildkröte.

von 15: 11: 4. ausdrücket. Der Rückenschild ist länglichter Figur und glatt; niedrig, aber doch gleich gewölbt.

Die Scheibe hat fünf Felder nach der Mitte und viere an jeder Seite. Die drey mittlern Felder des Rückens, nemlich das zweyte, dritte und vierte, sind in erwachsenen Schaalen mehr flach als erhaben; alle übrige, um jene auf der Scheibe herum liegende, sind abschüssiger und dabey mehr erhaben als flach. Von der Mittelreihe sind das erste und fünfte unregelmässige Fünfecke; jenes zugleich länger und schmäler; dieses kürzer und breiter. Die drey Mittelfelder sind fast viereckicht, doch nähern sie sich, wegen eines zur Seite etwas vorspringenden Winkels, welcher den Näthen der Seitenfelder entgegen stehet, auch in etwas der sechseckichten Figur. Das mittelste Feld auf der Scheibe ist breiter und länger, als die ihm zunächst liegenden in derselben Reihe. Der Rücken ist durchaus ohne Kiel. Von den Seitenfeldern hat das erste eine unregelmässige Gestalt; das zweyte und dritte ist von oben abwärts länglicht-viereckicht; das vierte ist das kleinste, und fast viereckicht. Die Oberfläche des ganzen Schildes ist ungemein glatt, so daß auch an vollwüchsigen Exemplaren gar keine, an andern nur schwache Spuren von concentrischen Runzeln wahrzunehmen sind. Die Vereinigungsnäthe der Felder sind nur leicht eingefurcht, und meist alle bogicht. Die Hauptfarbe der Scheibe und des Randes ist braunschwarz; in den meisten schwarz, an andern dunkelbraun; immer aber ist das Schild mit gelben und rundlichten Flecken gezieret, von verschiedener Zahl, Grösse und Stellung; auf schwarzem Grunde sind diese Flecken meistens citronengelb, auf braunen Schaalen aber mehr orangefarbig.

Der Rand hat 25 Schuppen, wovon zwölf an jeder Seite, und ein ungepaartes kleinstes vorne über dem Halse, liegen; die übrigen sind fast alle mehr oder weniger viereckicht. Die drey vordern an jeder Seite haben mit der Scheibe gleiche Wölbung, sind breit und scharfkantig; die vier nächstfolgenden jeder Flanke sind oben enger und stumpfkantig, unterwärts mit den Flügeln des Bauchschildes durch eine feste knöcherne Nath verbunden; die vier hintern werden wieder breiter als die vorhergehenden, sind abwärts gebogen und haben scharfe Kanten; die lezte jeder Seite ist wiederum enger aber etwas erhabener. Ueberhaupt aber ist der Umkreis des Randes ziemlich gleichförmig und ganz, auch vorne nur wenig ausgeschnitten.

Das Bauchschild ist nach vorne hin dem Oberschilde an Länge gleich, nach hinten aber ist es um einige Linien kürzer und ausgekerbt; der Mitteltheil ist flach, der vordere und hintere Ansaz aber meist etwas aufwärts gebogen. Die lange Nath und fünf Quernäthe, (wovon die ersten und lezten in spizen Winkeln zusammenlaufen, die übrigen aber etwas gebogene Linien beschreiben) theilen seine Oberfläche in 12 gefurchte Felder; die Winkel dieser Furchen vereinigen sich an der Seite der langen Nath, an der entgegengesezten Ecke aber bemerkt man die Spuren der Schuppenfelder. Des Bauchschildes Hauptfarbe ist meist schwärzlich, und hat zuweilen Weiß, zuweilen Roth eingemischt.

Die schmalen Flügel des Bauchschildes biegen sich etwas aufwärts, und schliessen sich mittelst einer engen Knochennath an die vier Randfelder der Flanken an, vom fünften nemlich bis zum achten.

Das Vaterland dieser Schildkröte ist Nordamerika; von woher ich das abgebildete Exemplar mitbrachte. Ihr Aufenthalt sind sumpfichte Gegenden. Ich erinnere mich, im May 1778 viele kleine und junge Thiere dieser Art bey Philadelphia gesehen zu haben; sie hatten kaum die Grösse eines Taubeneyes, aber ihre glänzendschwarze Schaale wurde durch die wie aufgetropften safrangelben Flecken, ungemein verschönert.

Der sel. Herr Archiater von Linné hat auch diese Schildkröte nicht aufgenommen, obgleich sie mit grosser Deutlichkeit bey Seba abgebildet ist; aber Linné schien Gegenstände, welche er nicht selbst gesehen hatte, vorsichtig zu übergehen, um nicht durch unbedingtes Zutrauen und Ansehen mißleitet zu werden. Seba giebt folgende Beschreibung dieses Thieres: „Amboinische Landschildkröte. Mit mehr an„dern kleinen Thieren wurde auch diese Schildkröte in Arrack verwahrt aus Amboina „gebracht; ihr Name war nicht angezeigt. Sie scheint uns eine der schönsten zu „seyn, indem ihre glatten licht Kastanienfarbigen Schuppen, jede mit einigen „gelben Flecken gezieret sind. Auch Kopf und Füsse sind dunkel kastanienbraun.„ — Da das Sebaische Thier im Weingeist aufbehalten war, so könnte vielleicht daher die hellbraune Farbe abzuleiten seyn, wenn es nicht eine Wirkung des verschiedenen Climas ist, in so ferne nemlich die Sebaische Angabe, daß diese Schildkröte auch in Amboina wohne, als wahr anzunehmen wäre; man weiß aber, daß er in den Angaben der Wohnpläze nicht immer am zuverläßigsten ist.

Die Schildkröte, welche Herr Schneider am angezeigten Orte aus der Sammlung des Herrn Baron von Blochs, in Dresden, beschrieben, kommt mit der unsrigen vollkommen überein; sie ist nur an der Zahl und Stellung der gelben Flecken abweichend, in welchen Stücken fast alle einzelne Schaalen von einander verschieden sind;

Getüpfelte Schildkröte.

sind; so daß zwar ihre, an allen vorzufindende Gegenwart, nicht aber ihre Grösse, Zahl und Ordnung, als Kennzeichen der Arten gelten können. Das Blochische Exemplar hatte 2¾ Zoll Länge, und 2⅙ Zoll Breite. Der ausgestreckte Schwanz ragt 9 Linien über den Rand des Oberschildes vor. Kopf, Füsse und Schwanz hatten mit dem Schilde einerley Hauptfarbe. Der Kopf war auch mit gelben Flecken bezeichnet. Gestalt und Bildung des Kopfes, der Füsse, Anzahl der Finger und ihrer Nägel, fand Herr Schneider, nach angestellter Vergleichung, wie bey der Europäischen Schildkröte. Es ist demnach zu vermuthen, daß die Füsse der getüpfelten Schildkröte, wie die der Europäischen, mit einer Schwimmhaut versehen seyen, und sie daher zu den Wasserschildkröten gehöre; Herr Schneider aber ist wegen der knöchernen Vereinigung der beyden Schilder, und wegen des stumpfern Randes in den Flanken, eher geneigt, sie zu den Landschildkröten zu zählen. Aber schon aus dem Beyspiele der gemahlten Schildkröte ist bekannt, daß diese Beschaffenheiten der Schilder keine sichere und allein zulängliche Unterscheidungszeichen für die Abtheilungen der Land- und Wasser-Schildkröten abgeben.

Durch die Güte des Herrn Mühlenberg erhielt ich neuerlich wieder eine Schaale dieser Art, welche unserer gegebenen Abbildung, sowohl nach der ganzen Schaale, als nach den einzelnen Feldern, vortreflich entspricht. Doch ist auch sie wieder in einigen Nebenumständen verschieden: a) durch ihre mehr braune Hauptfarbe; b) durch die Orangefarbe ihrer Flecken, und deren verschiedene Ordnung und Zahl; c) durch die im Umkreis der einzelnen Schuppen etwas merkliche Runzeln, die aber doch noch nicht berechtigen, sie runzlicht, sondern höchstens nur wellenförmig zu nennen; d) durch das fast ganz schwarze Bauchschild, welches nach vorne und in der Mitte nur etwas roth gefleckt ist. Herr Mühlenberg gab ihr den Namen der getüpfelten, und nennt sie eine Wasser-Schildkröte; sie hat vorne 5, hinten 4 Finger, ist geschwänzt, und der Kopf gelb betüpfelt.

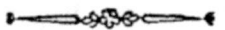

Tab. VI.

Tab. VI.
TESTUDO SERPENTINA. *Linn.*

Testa ovali, depressa, trifariam convexa, squamis acuminatis, margine
postico rotundato acute serrato.

T. serpentina, pedibus digitatis, testa subcarinata, postice obtusa acute quinquedentata.
Linn. Syst. Nat. ed. *Gmelin.* p. 1042. n. 15. Mus. Adolph. Friderici. 2. p. 36.

T. serpentina. *Schneid.* Schildkr. p. 337.

T. serpentina. *de la Ceped.* n. 10. p. 131. — *Bonaterre* n. 20.

T. serrata. *Pennant.* Suppl. Arctic. Zool. pag. 79.

Snapping Turtle. *Noveboracensibus.*

Schlangen-Schildkröte.

Rückenschild eyförmig und niedrig, mit dreyfacher Wölbung und spiz-erhabenen Schuppen; der hintere Rand zugerundet und scharf gezähnet.

Die sechste Tafel giebt die nach der Natur gefertigte Abbildung einer bisher nur wenig, oder dunkel gekannten Schildkröte. Das Rückenschild ist niedrig und flach gewölbt, eyförmig, und seine Verhältnisse so, daß gemeiniglich die Breite ¾ und die Höhe ⅓ der Länge hält. Die Scheibe hat 13 Felder, wovon die fünf mittleren fast ganz wagerecht liegen, (denn das Rückenschild ist vorne und hinten nur wenig abschüssig,) und an Breite und Länge weniger unter einander verschieden sind, als bey irgend einer Art. Die an den Seiten der Rückenfelder ziemlich stumpfen Ecken machen daß sie an Gestalt eher quer über liegenden Vierecken, als Sechsecken, gleichen, mit Ausnahme jedoch des ersten und fünften, deren äussere Ränder etwas gekrümmter sind. Die einzelnen Felder sind wenig erhaben, und mit parallelen Furchen durchzogen; sie sind nicht im eigentlichen Verstande gekielt, aber aus dem Vorderrande eines jeden, und hauptsächlich aus den Seitenecken, erheben sich Runzeln, (stumpf und knoricht bey alten, scharf bey jüngern Thieren,) welche strahlenweise nach dem hintern Rande eines jeden Feldes zusammenlaufen, und daselbst auf den drey vordern Feldern

Schlangen-Schildkröte.

sich in einen glatten Höcker endigen, auf dem vierten und fünften aber, auf welchen dergleichen strahlichte Runzeln noch zahlreicher sind, erheben sie sich in eine stumpfe Spize. Von den Seitenfeldern hat das erste eine unregelmässige fünfeckichte Figur, mit nach vorne ausgebogenem Rande; das zweyte und dritte stellen ablange Vierecke vor, und sind breiter als lang; das lezte ist das kleinste und fast ganz viereckicht. Wie auf den Feldern der Mittelreihe, entstehen auch hier am Vorderrande eines jeden Feldes ähnliche erhabene Linien, welche hin und wieder durch Knötchen unterbrochen werden, sich nach dem hintern und obern Rande hinziehen, und sich dort in eine mehr oder weniger erhabene Spize enden, welche aber doch auf den beyden hintersten Feldern höher und spiziger ist, als auf den vordern. Von den Runzeln der Seitenfelder ist diejenige am ausgezeichnetsten, schärfer und weniger als die übrigen unterbrochen, welche aus der Vereinigungsnath der ersten Rücken- und Seitenfelder entstehend, ganz gerade sich nach der hinten befindlichen Spize ziehet; und indem sie in derselben Richtung auch über die übrigen drey Felder fortläuft, so entstehet daher an dem erhabenen Theil der Seitenfelder gleichsam ein Seitenkiel. Die erhabenen Spizen aller Seitenfelder stehen demnach in gerader Linie hinter einander; zwischen diesem Seitenkiel aber und dem Rande der Mittelfelder bleibt noch eine schmale Vertiefung, oder eine über die ganze Schale längshin gehende breite Furche, und hiedurch eigentlich erhält der Rückenschild seine dreyfache Wölbung. Uebrigens ist die hornichte Besegung dünne, durchsichtig, glatt; glätter aber und am wenigsten gestreift oder gefurcht sind die vordern Ränder der Felder. Die Farbe ist dunkel und schmuzig, auf der Scheibe und dem Rande gleich; braunschwarz an ältern, braungelb an jüngern Thieren.

Der Rand enthält 25 schmale Schuppen. Die erste und ungepaarte ist die schmälste, breiter als lang, überzwerch und länglicht viereckicht und bogicht. Die vier vordern Randschuppen sind schmal, etwas erhabener nach der Scheibe hin, die Kante selbst ist scharf und etwas umgebogen; die vier mittlern in den Flanken haben eine fast senkrechte Stellung, sind oben schmal, nach unten breiter; die vier nächstfolgenden hintern nehmen wieder an Breite zu, stehen horizontal aus, sind etwas erhaben, und in eine Spize ausgehend; daher hat „der hintere zugerundete Rand „sechs bis acht tiefe und spizige Einschnitte." Der ganze Umkreis des Randes ist gereifet, er erhebt sich nemlich um ein merkliches über der ihm anschliessenden untern Fläche der Scheibe, so daß eine seichte Dazwischen-Furche entstehet.

Das Brustschild dieser Art ist im Verhältniß der Grösse des Thieres klein, und besonders gestaltet. Es ist lanzettenförmig; seine Länge beträgt nur $\frac{2}{3}$, und seine

E   größte

größte Breite nur ⅓ der Länge des Oberschildes. Die hornichte Belegung ist dünne und weißlicher Farbe. Eine lange Nath und fünf gebogene Quernäthe theilen es in zwölf ungleiche Felder; wovon die ersten und lezten die kleinsten sind. Der Körper des Brustschildes ist meistentheils flach, und wenig höher als der Rand des Rückenschildes. In der Mitte des Bauchschildes ist eine eyförmige Grube, welche an jüngern Thieren mit einer Membran bedeckt ist. Ein schmaler knöcherner Fortsatz erstreckt sich von der Mitte des Bauchschildes beyderseits nach dem Rande des Oberschildes, in dessen Nähe er etwas breiter, und mittelst eines dichten und zähen Ligaments mit den sechsten und siebenten Randschuppen verbunden wird. Durch diese Bildung des Bauchschildes erklären sich die von Linné in der Beschreibung seiner Schlangen-Schildkröte gebrauchten Ausdrücke, daß nemlich „die Ausschnitte des Bauchschildes für die Füsse geräumiger seyen, als an den übrigen Arten."

Der Kopf ist groß, platt, dreyeckicht, mit warzicht-schuppichter Haut bedeckt. Die Augenhölen stehen schräge. Die Nasenlöcher sind klein und enge beysammen. Der Rachen ist weit, die Kinnladen scharf und ungezähnelt. Der Hals ist mit warzicht-schuppichter Haut bekleidet, kurz und dick, wenn das Thier in Ruhe ist, wenn es aber nach seiner Beute schnappet, so kann es ihn bis zur Drittel-Länge des Schildes ausstrecken. An den Vorderfüssen sind fünf, an den Hintern vier deutliche, aber durch eine Schwimmhaut verbundene Finger, mit eben so vielen fast geraden, zugespizten Krallen bewaffnet, welche länger als die Finger selbst sind. Der gerade Schwanz mißt ⅔ der Länge des Oberschildes, ist oben mit einem Kamm von knöchernen spizigen rückwärts gekrümmten Schuppen besezt, welche sich allmählich verkleinern; unten und an den Seiten ist er mit kleinern Schuppen beleget. Eine rauhe schlaffe, runzlichte, mit Warzen und weicheren Schuppen versehene Haut, umkleidet die übrigen untern Theile zwischen beyden Schildern.

Dieser Schildkröte Vaterland ist Nordamerika. Sie wohnt in süssen, hauptsächlich in stehenden Wassern. Sie erreicht ein Gewicht von 15—20, und wie man sagt, zuweilen auch mehreren Pfunden. Es ist ein schädliches und räuberisches Thier, stellet den jungen Enten und Fischen nach, und beißt sich auch mit seines gleichen herum. Zuweilen streift sie auf trockenem Boden umher; sie erhebt sich auf den Hinterfüssen und schnappt halb springend und zischend mit schnell verlängertem Halse nach ihrer Beute; was sie mit ihrem Schnabel erhaschet, lässet sie ungern wieder fahren, und sie läßt sich, wenn sie in einen vorgehaltenen Stock gebissen hat, mit selbigem in die Höhe heben. Im Schlamme wühlt sie sich so ein, daß nur der Rücken vorraget, welcher seiner dunkeln und schmuzigen Farbe wegen etwa nur das Ansehen

eines

eines daliegenden Steines hat; so lauert sie aber mit desto besserm Erfolg auf ihren verdachtlosen Raub. Die lebendigen, welche ich zuweilen in Amerika bey mir hatte, suchten immer die verborgensten Winkel des Zimmers, und versteckten sich am liebsten in den Aschenhaufen im Camine.

Die Beschreibung, welche Linné im Museum Adolpho Fridericianum von seiner Schlangen-Schildkröte gegeben hat, ist zwar sehr kurz, enthält aber doch alle Unterscheidungszeichen der Art, und zwar deutlich genug zur Ueberzeugung, daß jene mit unserm abgebildeten Thiere ganz einerley sey. Folgende sind Linné's eigene Worte:

„Schlangen-Schildkröte; das Schild hinten zugerundet, mit fünf scharfen Ein„schnitten. Die Figur des Schildes ist eyförmig, auf dem Rücken mit drey Wölbun„gen und zugespizten Schuppen; der hintere Rand ist zugerundet, und hat 6 bis 8 „tiefe und spize Einschnitte. Die Ausschnitte im Bauchschilde für die Füsse sind „geräumiger als bey andern. Die Vorderpfoten haben 5 gerade und spizige Krallen; „die Hinterpfoten 4 dergleichen. Der Schwanz ist so lang als die Schale selbst, „welches ungewöhnlich ist. Sie wohnt in den süssen Gewässern von Algier und „China, ist bissig und schwimmet.

Alle Angaben treffen genau überein, bis auf das von ihm angezeigte Vaterland; er selbst hat keinen Gewährsmann dafür angeführt, und mir ist kein Reisender bekannt, welcher diese Schildkröte in den Gewässern von China oder Algier — in so sehr von einander entlegenen Gegenden — beobachtet hätte. Es ist daher wohl eher zu vermuthen, daß das von Linné beschriebene Thier ebenfalls aus Amerika gekommen seyn konnte, welches um so wahrscheinlicher wird, wenn man sich der Verbindungen erinnert, welche ehemals zwischen Schweden und Nordamerika statt fanden.

Diese Linneische Art war fast gänzlich in Vergessenheit gerathen; nur allein der von ihm im Natursystem aufgestellte Namen und Charakter wurde von Schneider, Gmelin, Cepede und Bonaterre beybehalten und wiederholet, freylich ohne Zusaz irgend einer Erläuterung eines ihnen ungesehenen Thieres. Diese nemliche Art aber wurde unlängst von Herrn Pennant wieder als eine ganz neue Art unter dem oben angezeigten Namen beschrieben. Herr Pennant hatte nicht den geringsten Argwohn, daß sie schon in dem Linneischen Verzeichnisse enthalten war; aus einer von ihm erhaltenen Figur seiner als neu beschriebenen Schildkröte, ergiebt sich aber überzeugend, daß sie mit der Linneischen Schlangen-Schildkröte eine und dieselbe ist. Durch gegenwärtige Abbildung und Beschreibung ist demnach die Bekanntschaft einer bisher räthselhaften und vergessenen Schildkröte wieder erneuert und berichtiget worden.

Tab. VII.

TESTUDO CLAUSA.

Testa ovali gibba, dorsi scutellis carinatis, sterno bivalvi, loricam occludente.

T. virginea. *Grew.* Muf. 38. t. 3. fig. 2. (ad T. pusillam a Linneo citata.)

T. tessellata minor caroliniana. *Edw.* av. 205. *Seligm.* VI. tab. 100.

T. Carolina, pedibus digitatis, testa gibba, cauda nulla. *Linn.* Syst. Natur. ed. X. et XII. n. 11. exclusis Synon. Gronovian. et Sebae.

T. caroliniana. *Schneid.* Schildkr. p. 334. n. 7.

T. brevicaudata (Courtequene) testa superiore antice emarginata, scutellis striatis in medioque punctatis. *Cepede* pag. 169. n. 21.

Dosen-Schildkroete. *Bloch* in Schrift. Berl. Naturf. Fr. VII. I. p. 131. tab. 1.

T. clausa, disci scutellis carinatis, sterno vix repando, valvularum ope ad scutum apprimendo. *Linn.* Syst. Natur. edit. *Gmelin.* p. 1042. n. 25.

T. carolina. Ibid. pag. 1041. n. 11.

T. carolina. *Bonaterre* Erpetolog. n. 23.

T. incarcerata (Prisonnière) digitis fissis, testa elliptica, admodum convexa, scutellis laevibus fuscis, fasciis luteis rivulatis. *Bonat.* ibid. n. 24.

T. incarcerato-striata. (Prisonnière-striée) digitis fissis, testa elliptica, convexa, scutellis striatis, fuscis luteo-maculatis. *Bonat.* ibid. n. 25.

Wood Turtle. *Noveboracensib.* et *Pensylvanis.*

Terrapin. *Carolinens.* secundum Edward.

Dosen-Schildkröte.

Rückenschild oval, hochgewölbt, die Mittelfelder gekielt; Bauchschild zweyklappicht, und die Schaale verschliessend.

Unter diesem Namen erneuern wir die Bekanntschaft der fast verlornen Carolinischen Schildkröte des Linne'; denn nach ihm haben alle Schriftsteller nur den leeren

Dosen-Schildkröte.

seeren specifischen Namen aus dem Natursystem wiederholet, indem das ihm zupassende und von Linné bereits ausgezeichnete Thier neuerlich unter einem neuen Namen und als eine verschiedene Art aufgestellet, und in die neuesten Verzeichnisse der Schildkröten aufgenommen wurde.

Das Rückenschild ist oval, hoch, aber gleichförmig gewölbt. Die 13 Felder der Scheibe sind durch meist gerade, aber seichte Nathen, unterschieden. Die 5 Rückenfelder vergrössern sich nach der Mitte der Scheibe. Das erste scheint viereckicht zu seyn, aber durch den am untern Rande vorspringenden stumpfen Winkel nähert es sich der fünfeckichten Gestalt; es ist flachgewölbt, abschüssig und stumpf gekielt; das vertiefte und punktirte Schuppenfeld liegt am obern und mittlern Theile, und ist mit mehreren gedrängten und seichten und parallelen Furchen umzogen, sie erstrecken sich bis an den Rand des Feldes, dessen Umriß sie nachbilden, und werden nur durch den Kiel und eine schwache, von den vordern Ecken des Schuppenfeldes nach den gegenüberstehenden Ecken des Feldes streichenden Linie, unterbrochen. Das zweyte ist breiter als das vorhergehende, sechseckicht, planer und weniger abschüssig; auch ist dessen hinterer Rand wieder breiter als der vordere; das Schuppenfeld liegt nach hinten, und ist eben wie am ersten Felde, mit Furchen umzogen. Das dritte Feld ist sechseckicht, die Vorder- und Hinterränder sind breiter, als die an den Seiten; es ist sehr flach gewölbt; Schuppenfeld und Furchen wie am zweyten. Das vierte ist wenig gewölbt, nach hinten abschüssig, sechseckicht, am Vorderrande breiter, das Schuppenfeld liegt fast in der Mitte und der Kiel dieses Feldes ist in dessen Mitte scharf abgeschnitten. Der fünfte, ungleichseitig fünfeckicht, schmäler und abschüssiger als der vorhergehende; das Schuppenfeld liegt mehr nach der untern Hälfte; ist übrigens wie die vorigen, aber unmerklicher gekielet.

Der Kiel auf den Rückenfeldern ist auf den vier ersten am deutlichsten, etwas breit und stumpf; er erhebt sich ganz niedrig am Vorderrande jedes Feldes, erreichet aber nicht den hintern Rand derselben, sondern schneidet sich am hintern Rand des Schuppenfeldes kurz ab.

Von den vier Seitenfeldern der Scheibe, hat das erste eine irregulaire Gestalt, unten nemlich bogicht, oben abgestumpft, die Seitenränder gerade; das Schuppenfeld liegt nach oben und hinterwärts, und ist, wie in den folgenden, mit parallelen Furchen umgeben. Das zweyte ist das Grösseste, von oben ablang viereckicht, doch, daß der obere Rand winklicht, der untere bogicht ist; das Schuppenfeld liegt in der oberen und gewölbteren Mitte; das dritte ist dem vorigen gleichgestaltet, aber kleiner und etwas schräge gebogen; das vierte ist das kleinste, viereckicht, mit ungleichen und schrägen Seiten. An allen ist die obere Hälfte etwas erhabener, die untere platter und abschüssiger; die Furchen übrigens wie bey den Rückenfeldern beschaffen.

Die gewöhnlichere Hauptfarbe der Scheibe ist braun, oder braunschwarz, mit lichtgelben oder gelben wogichten Flecken und Streifen schön durchmalet. Die Schuppenfelder sind ganz braun oder fast schwärzlich; der Kiel größtentheils gelb; die übrigen gelblichten Flecken aber sind um dieses Schuppenfeld her mit einer scheinbaren, doch nicht genau zu bestimmenden Regelmässigkeit geordnet.

Des Oberschildes Rand ist vorne ausgeschnitten, scharfkanticht und leicht gekerbt; mit dem Rückenschilde gleich abschüssig, und aus 25 Feldern bestehend. Das erste ungepaarte ist das kleinste, länglicht und mit etwas vorragender Spitze; die übrigen sind einander fast alle, an Grösse und meist viereckichter Gestalt, ziemlich ähnlich; das rauh-punktirte und umfurchte Schuppenfeld lieget in jedes Feldes hintern und untern Winkel; an Farbe sind sie der Scheibe gleich, nemlich braun mit untermischtem Gelb. Die vordersten und hintersten Felder haben schneidend scharfe und durchsichtige Kanten; die zwischengelegenen sind von oben herab etwas senkrechter gestellt, an der untern Seite erweitern sie sich, sind bauchicht und mittelst eines sehnichten Bandes mit dem Bauchschilde vereiniget.

Das Bauchschild dieser Art ist vor allen andern an Grösse, eigenthümlicher Gestalt und Einrichtung gänzlich ausgezeichnet. Die Bildung ist nach dem Umkreise der innern Randseite des Oberschildes geformet, und ihm genau anpassend. Wie gewöhnlich ist es durch eine lange, und fünf Quernäthe in 12 ungleiche Felder abgetheilet, wovon die mittlern Parallelogrammen, die übrigen aber mehr dreyeckichte Figuren vorstellen. Die mittelste Quernath fällt in gerader Linie mit der Nath ein, welche zwischen dem 5ten und 6ten Randfelde ist, und durch sie wird das Bauchschild in zwey Klappen getheilet; ein sehnichtes Band vereiniget sie, und giebt ihnen Beweglichkeit. Die hintere Klappe ist grösser als die vordere; beide aber sind elliptischer Figur, mit fast durchaus gleichem Rande, so daß das ganze Bauchschild nach seinem völligen Umfange genau dem innern Rande des Oberschildes anpasset, und das Thier mit eingezogenem Kopf und Füssen in vollkommene Sicherheit sich innerhalb seine, durch jene Klappen geschlossene Panzer, verbergen kan. Die hintere Klappe ist platt, und auf ihr ruhet die ganze Schale; welche, wenn sie geschlossen auf der Erde lieget, die vordere kleinere Klappe von der Horizontallinie ab, und aufwärts darstellet.

Der

Dosen-Schildkröte.

Der Kopf des Thieres ist länglicht oval. Die Kinnladen scharf, aber ungezähnelt. Kopf, Vorder- und Hinterfüsse sind an brauner und gelbgefleckter Farbe der Schale ähnlich. Die Vorderfüsse sind undeutlicher, die hintern deutlicher gefingert; jene mit 5, diese mit 4 langen gekrümmten Krallen bewafnet. Der Schwanz ist sehr kurz, damit er sich desto füglicher mit den Füssen in der Schale verbergen lasse.

Das Vaterland der Dosen-Schildkröte ist Nordamerika. Sie liebt sumpfichte Gegenden, schweift aber doch auch auf trocknen Stellen umher, so daß ich sie auch an den heissesten Tagen auf dürren Hügeln fand. Zum Schwimmen scheinet sie nicht wohl gebildet zu seyn, und möchte daher eher den Landschildkröten zugerechnet werden, wofür auch die hohe Wölbung der Schaale und die Bildung der Füsse sprachen. Das Thier ist durch einen so festen Panzer gesichert, daß ihm ein aufgelegtes Gewicht von 5—600 Pfund nicht nur nicht schaden, sondern auch nicht einmal sein Fortschreiten hindern soll. Ihr Wachsthum soll fast niemals 5—6 Zoll in der Länge übersteigen. Das Fleisch des Thieres wird von einigen als wohlschmeckend, von andern Personen aber als ranzicht angegeben. Durchgängig aber werden die Eyer, deren die Weibchen eine grosse Menge beherbergen, als schmackhaft gerühmt; die grössesten davon sind Taubeneyern an Grösse gleich; und blos um der Eyer willen werden sie von vielen Personen aufgesucht *).

Bey Vergleichung von Sechs verschiedenen Panzern dieser Art, ergaben sich folgende Bemerkungen:

1) In Rücksicht des Maasses, hätten:

	1ste	2te	3te	4te	5te	6te
Länge:	Zoll 4. Lin. 9.	4."' 6."'	3."' 6."'	3."' 5."'	3."' —	3."' 3."'
Breite:	— 3. — 6.	3."' 6."'	2."' 9."'	2."' 8."'	2."' 5."'	2."' 5."'
Höhe:	— 2. — -	1.' 10."'	1."' 5."'	1."' 4."'	1."' 3."'	1."' 3."'

Es lässet sich daher ungefähr annehmen, daß bey den kleinern Panzern die Höhe etwa ⅓ der Länge betrage; bey den grössern hingegen ein anderes, doch nicht ganz die Hälfte erreichendes Verhältniß statt finde.

2) Zahl

---

*) Aus neuern Briefen des Hrn. Prof. Heinrich Mühlenbergs ist noch folgendes beyzufügen: — „Die Dosen-Schildkröte nähret sich von Pferdemist, von Käfern und „Ratten; sie verzehret sogar 4—5 Fuß lange Schlangen, und bemächtiget sich ihrer, „indem sie solche in der Mitte packt und zwischen den Klappen ihres Panzers bis zum „Tode quetschet. In der Begattung hängen beyde Geschlechter bey 14 Tage zusammen. „Man hat Beyspiele, daß sie auf 46 Jahre gelebt haben. Sie werden hie und da in „Kellern gehalten, um durch sie Schnecken und Mäuse zu vertilgen."—

Dosen-Schildkröte.

2) Zahl und Gestalt der Felder kommt bey allen überein.

3) Der Kiel auf dem Rücken ist bey allen bemerklich; fast zusammenhängend ist er in der 6ten, 5ten und 4ten; so, daß wo der Kiel eines jeden Feldes mit einem Knötchen am hintern Rande seines Schuppenfeldes sich endiget, der nächstfolgende Kiel fast sogleich sich wieder erhebt; da hingegen bey den übrigen zwischen den Kielen der nächstliegenden Schuppen einiger Zwischenraum statt findet. Auch ist am 1sten und 2ten Panzer der vordere und grössere Theil des Kiels auf jeder Schuppe weniger deutlich, und am hintersten oder fünften Felde gar keine Spur davon übrig.

4) Die Schuppenfelder haben nicht nur bey allen denselben Standort; sondern sind sich auch an Umfange und Gestalt, am größten wie am kleinsten Panzer ähnlich; doch scheint die rauh punktirte Vertiefung an den kleinern deutlicher und unversehrter zu seyn, da sie an den grössern Panzern, und zumal an den Seitenfeldern, mehr aufgefüllt und abgerieben vorkommt.

5) Der vordere Ausschnitt des Randes ist bey einigen vor andern beträchtlicher; am geringsten bey den kleinern Panzern. Die vorderste und kleinste Randschuppe ist auch nicht bey allen gleichweit vorragend.

6) An Farben und ihrer Vertheilung sind diese sechs Panzer zugleich übereinkommend und abweichend; braun und braunschwarz ist die vorstechende Farbe an der 1sten, 2ten und 5ten, gelb hingegen an der 3ten, 4ten und 6ten, doch nimmt die dunklere Farbe überall den Rand der Schuppen und die Schuppenfelder vorzüglich ein. Vor allen aber hat bey der 6ten Schaale das Gelb so sehr die Oberhand, daß es zweifelhaft ist, ob sie nicht eine gelbe Schaale, nach ihrer vorstechenden Farbe, genannt werden müsse.

Daß, nach der Eingangs erwähnten Angabe, unsere Dosen-Schildkröte keine andere als die Carolinische Schildkröte des Linné sey, wird aus den vorzüglichsten Kennzeichen der bey Edward. av. 205. beschriebenen T. tessellatae erhellen: „Die „Figur, heißt es bey Seligmann VI. Taf. 100., stellet das Thier in natürlicher „Grösse vor. Sie hat keinen Schwanz, obgleich ein Ansaz zu demselbigen vorhan„den ist. Der untere Theil der Schaale ist in zwey Theile gethei„let. Sie theilet sich quer unter dem Bauch herüber, und ist an den Seiten mit der „obern Schaale durch eine Haut verbunden, die biegsam ist, und durch dieses Mittel

kan

Dosen-Schildkröte.

„kan das Thier, wenn es seinen Kopf und die Beine hineingezogen hat, seine
„Schale so fest zuschliessen, wie eine Auster. — Der Kopf ist mit einer harten
„und hornartigen Haut bedecket, die oben auf der Platte dunkelbraun ist; an der
„Seite und auf der Kehle ist sie gelb, und hat kleine schwarze Flecken. Die Augen
„sind gelb. Der Hals ist mit einer leeren dunkel-purpur-fleischfarbenen Haut be-
„deckt, wie auch die hintern Beine; die vordern Füsse sind mit gelben harten Schup-
„pen bedeckt. — Die vordern Füsse haben 5, die hintern 4 Zehen, alle aber sind
„mit sehr starken Klauen versehen. Die Oberschale ist sehr hoch und rund; thei-
„let sich in viele Schuppen, und ist hornartig. Es siehet nicht anders aus, als
„wenn eine jede solche Schuppe um ihren Rand herum gestochen und ihre Ringe
„eingegraben wären, welches aber gegen den Mittelpunkt zu aufhöret. Oben ist die
„Schale dunkelbraun und hat gelbe Flecken von verschiedener Form, unten aber ist
„sie flach, gelb und hat schwarze Flecken.

„Diese kleine Schildkröte nennen die Engländer in Amerika Terrapins; sie ist
„aus Süd-Carolina gebracht und mir lebendig gegeben worden. Ich stand ehe-
„dessen in der Meynung, daß nur gemäßigte und heisse Himmelsgegenden die Land-
„schildkröten erzeugen: man sagte mir aber, daß es eine Art Schildkröten gebe, die
„man in Hudsonsbay finde. Ich habe eine Tobakdose, in Silber gefasset, gesehen,
„da die obere Schale der Schildkröte der Deckel und die untere die Büchse war.
„Der obere Theil war gewölbt, der untere flach, beyde waren aber hellgelb hornfar-
„big, ohne Flecken, und dem Bau nach halte ich sie für die oben beschriebene; sie
„war aus der Hudsonsbay, wo sie einheimisch ist, gebracht worden."

Dies ist Edwards Beschreibung aus der Seligmannschen Uebersetzung entlehnet, und bey ihrer gänzlichen Uebereinstimmung mit der unsrigen, bleibt wohl kein
Zweifel, daß nicht Edwards Schildkröte unsere Dosen-Schildkröte seyn sollte. Auch
der Bau des Panzers, und vorzüglich die in der Edwardischen Figur deutlich angezeigten zwo Klappen des Unterschildes beweisen dieses. Diese Edwardische Figur hat
Linné zu seiner Carolinischen Schildkröte gezogen, und sogar den Namen von ihr entlehnet; daher ist es um so weniger gewagt, unsere für die wahre Carolinische Schildkröte des Linné zu erkennen. Die Sebaische Figur, Taf. 80. Fig. 1. gehöret nicht
hieher; sie entspricht weder der Edwardischen Figur, noch der Linneischen Beschreibung, zumal sie mit einem ausgestreckten Schwanz vorgestellt ist, den die Carolinische
nicht hat; eher scheint sie zur griechischen Schildkröte zu gehören — wie an seinem
Orte erinnert werden soll.

Die von Linné bey der Carolinischen Schildkröte angezogenen Gronovischen Beschreibungen, sind um deswillen zweifelhaft, weil sie des unterscheidenden Merkmales, nemlich des zweyklappichten Bauchschildes, nicht erwähnen, und noch mehr darinn abweichen, daß sie das Bauchschild vorne abgestuzt und hinten gespalten angeben, welches bey der Dosen-Schildkröte ganz anders befunden wird. — Die Figur der Virginischen Schildkröte in Grew. Muſ. 38. tab. 3. fig. 2., welche Linné zu seiner T. pusilla anführet, kommt ebenfalls genau mit der unsrigen überein, wie auch schon das durch ihren Namen angedeutete Vaterland vermuthen lässet. Die 24ste und 25ste Art der Schildkröten bey Bonaterre gehören zu der unsrigen; indem er aber nur Spielarten als zwo eigene und verschiedene Arten aufführet, und noch überdies den Namen der T. carolina besonders aufstellt, so hat er eine und dieselbe Art unter einem dreyfachen Namen, oder als 3 Arten, seinem Verzeichnisse einverleibet.

Tab. VIII.

Tab. VIII. A.

TESTUDO GRAECA.

Testa hemisphaerica, scutellis disci subconvexis, flavis, nigro cinctis, margine laterali obtuso; postice gibba.

Testudo terrestris vulgaris. The common Land Tortoise. *Raj.* quadrup. 243.

Landschildkröte, von oben und unten. *Mayers* Zeitvertr. Tom. I. Tab. XXVIII.

T. graeca, pedibus subdigitatis, testa postice gibba, margine laterali obtusissimo, scutellis planiusculis. *Linn.* Syst. nat. ed. X. et XII.

T. graeca. *Knorr.* Delic. Natur. Tom. II. Tab. LII. fig. 1. pag. 103.

T. geometrica; testa gibba tessellata, subtus postice acute emarginata, pedibus fissis, cauda brevissima. *Brunnich.* Spol. mar. adriat. pag. 92.

Testuggine di Terra. T. graeca L. *Cetti,* Anfibi e Pesci di Sardegna. III. pag. 9. 10.

T. graeca. *Schneid.* Schildkr. Spec. XVI. pag. 358.

T. Hermanni. ibid. pag. 348.

T. graeca. Syst. nat. *Linn.* ed. *Gmelin.* pag. 1043. n. 10.

T. Herrmanni, pedum unguibus quaternis, caudae apice unguiculato. ibid. pag. 1041. n. 22.

T. graeca. *de la Cepede*, pag. 142. Exclusa tamen ejus icone et descriptione pag. 144; diversissimas enim species, sub eodem nomine confudit in unam.

? T. terrestris major. *Seb.* tom. I. Tab. 80. fig. 1. ?

Griechische Schildkröte.

Oberschild halbrund; die Felder der Scheibe mehr oder weniger erhaben, gelb, mit schwarzer Einfassung; Rand in den Flanken stumpf, am Hintertheile gewölbt.

Von dieser Schildkröte, da sie in den mittägigen Gegenden von Europa gar nicht selten ist, wäre längst schon richtige und leichte Bestimmung, nebst ihrer ausführlichern und unverdächtigen Geschichte, zu erwarten gewesen; aber sie hatte mit der Europäischen Schildkröte gleiches Schicksal, sie blieb ungewiß und unbestimmt gekannt, ihre Geschichte dunkel, und selbst ihr Name schwankend. Ray hat ihrer zuerst erwähnet, und hat gewiß durch den gewählten Namen der gemeinen Landschildkröte eine einheimische und gleichsam vor jedermanns Füssen liegenden Arten andeuten wollen; daher lies er es auch bey einer ganz kurzen Beschreibung bewenden, die jedoch die einzige von Linne' angeführte und folgende ist:

„Sie unterscheidet sich durch gelb und schwarze Flecken oder Felder auf dem „Rücken. Die obere Schale ist sehr gewölbt, die untere flach. Der „Kopf ist klein, schlangenartig; sie kan ihn nach Gefallen ausstrecken „oder einziehen. Das obere Augenlied und die Gehöröffnung fehlen nicht. „Den Winter über liegt sie ohne Nahrung in der Erde vergraben; und „lebt ungemein lange."

Daß aber diese von Ray nur so ganz kurz anzezeigte Schildkröte einerley mit der auf der achten Tafel vorgestellten sey, wird sattsam aus richtiger Vergleichung aller Umstände erhellen.

Unsere Abbildung ist nach dem Exemplar der Hermannischen Schildkröte selbst gefertiget, welche uns der Herr Prof. Hermann zu diesem Behuf gütigst mittheilte. Des Thieres ganze Länge von der Nase bis zur Schwanzspize beträgt 7 Zoll; die des Rückenschildes allein nur 4 Zoll 10 Linien; dessen Breite 3."" 6."", die Höhe mit dem Bauchschilde 2."" 9.""

Das Rückenschild ist oval, hoch, gleich und auch an den Seiten gewölbt; die Höhe ist gemeiniglich der halben Länge gleich, und es gleichen sich auch der Bogen über den Rücken gemessen, nach der Quere und nach der Länge; daher ist der Abhang aus dem Mittelpunkt des Schildes sich fast nach allen Seiten gleich. Der Rand ist vorne scharf und ausgeschnitten, in den Flanken stumpf und angezogen, hinten höckericht.

Die Scheibe hat 13 Felder, bald flach, bald mehr oder weniger gewölbt; in der Mitte eines jeden sind die Merkmale des platten punktirten Schuppenfeldes, welches an mehrern seichten conzentrischen Furchen umschlossen ist. — Das vorderste und hinterste der Mittelreihe haben eine unregelmässige fünfeckichte Gestalt, lezteres ist breiter und erhabener als jenes; die drey mittlern, oder das zweyte, dritte und vierte, sind weder genau viereckicht noch sechseckicht, und ihre Seiten sind wie die

der

der übrigen, etwas bogicht. Meist an jeder Schuppe sind diejenigen Linien, welche von den Ecken des Schuppenfeldes nach den Randecken der Schuppe selbst sich hinziehen, ein klein wenig erhaben. — Diese vorstechenden Querlinien sind aber in der oben angezeigten Meyerischen Figur zu stark und grell ausgedrückt; daß jenes Bild daher ein ganz anderes Thier vorzustellen scheinet. — Die Felder der Mittelreihe sind am Vorder- und Seitenrande schwarz, und ein schwarzer länglichter Fleck erstreckt sich auf dem 2ten, 3ten und 4ten Felde vom vordern Rande bis in und über die Mitte derselben, durchschneidet selbst das kleine Schuppenfeld, erreicht aber niemalen den hintern Rand, welcher, nebst dem übrigen Theile der Felder, gelb ist.

Seitenfelder sind an jeder Seite vier; entweder flach, oder nur wenig erhaben, und gleich abhängig; an ihrem obern und mittlern Theile zeigt sich das etwas vertiefte und punktirte Schuppenfeld, mit seichten Linien umfurchet. Das erste und vierte haben eine unregelmässige Gestalt, das zweyte und dritte sind ablang-viereckicht; alle aber haben bogichte Seiten. Auch sie sind mit schwarz und gelb bemahlet, so daß der hintere Rand ganz gelb, der vordere und obere ganz schwarz, der mittlere Raum aber schwarz mit gelb unterbrochen ist.

Der Rand des Oberschildes hat 25 Schuppen; die vorderste ungepaarte ist die kleinste und nur wenig vorragend, die beyden hintersten sind höher gewölbt, und reichen mit ihrer einwärts gekrümmten Spize tief unter die Horizontallinie der übrigen herab. Die übrigen 22 schliessen sich mit fast gleich abschüssiger Wölbung an die Scheibe an; doch sind die fünfe, (das vierte bis zum achten) in den Flanken etwas senkrechter gestellt, und ihre Kante stumpfer; die drey vordern und drey hintern, welche über den Vorder- und Hinterfüssen liegen, haben schärfere Kanten und an den Fugen leichte Einschnitte, und die Kante der lezten und vorlezten ist überdies noch ein wenig aufwärts gekrümmt. An den vorerwähnten Schuppen in den Flanken ist, obgleich, wie gesagt, ihre Kante stumpfer ist, als die der übrigen, die Fortsezung der Randschneide von vorne nach hinten, nicht ganz vertilget. An Länge, Breite, Gestalt und Farben sind die Schuppen des Randes wenig unter sich verschieden. Nach der hintern und untern Ecke eines jeden derselben zeigen sich mehr oder minder deutliche Spuren des viereckichten mit Parallelfurchen umgebenen Schuppenfeldes. Der vordere und grössere Theil derselben ist schwarz, der übrige und obere Theil gelb. Die vorderste ungepaarte Schuppe ist ganz gelb.

Die Vereinigung des Rücken- und Bauchschildes geschiehet unmittelbar durch die 5te, 6te, 7te und 8te (von dem ungepaarten an gezehlet) Randschuppe, mittelst einer festen bogichten Knochennath; hiezu kommen aber noch zwey von unten sichtbare eingeschaltete Knochen, welche sich zum Theil noch an die vierte und neunte Randschuppe anschliessen.

Das Bauchschild ist $3\frac{1}{2}$ Zoll lang. Die Breite seines Vordertheils ist 2″ 1‴. Das hintere 2″ 3‴. Das mittlere 3″ 3‴. Eine Längs- und fünf Quernathen durchkreuzen es. Der Vordertheil ist wenig, der hintere tief und scharf ausgekerbt. Das Mittelstück des Bauchschildes ist zwischen der zwoten und vierten Quernath enthalten, und wird durch die dritte oder mittelste Quernath wieder in zwey ungleiche Felder abgetheilt, und beyderseits durch seine etwas aufwärts gebogenen Flügel dem Oberschilde angeheftet. Die mittelste Quernath trift genau auf die Nath zwischen der 6ten und 7ten Randschuppe. Der Vordertheil des Bauchschildes ist mässig aufwärts gebogen, das Mittelstück ist bey den Männchen etwas vertiefter als bey den Weibchen, das Hintertheil ist ganz flach. In der Mitte durch, neben der ganzen langen Nath herab, und an beyden Flügeln, ist das Bauchschild gelb, die zwischengelegenen Seiten sind schwarz. Von den Schuppenfeldern und ihnen zupassenden Furchen sind meist nur schwache Spuren übrig.

Der Kopf ist einen Zoll lang, neun Linien breit und sieben Linien hoch. Der niedrig gewölbte Schedel ist mit etwas grössern Schuppen beleget. Die Stirne ist abschüssig. Die Nasenlöcher stehen nahe beysammen, und nichts vor. Die Spize des Schnabels hat an jeder Seite einen zahnförmigen Einschnitt. Die Kinnladen sind am Rande zwar sehr zart, aber doch deutlich gezähnelt, wie man dieses, wenn man sie seitwärts ansiehet, am besten gewahr wird. Der Hals ist ungefähr 9 Linien lang, mit einer schlaffen schuppichten Haut bezogen. Die Arme sind kurz; der Vorderarm bis an die Nägel nur etwa einen Zoll lang und einen halben Zoll breit. Auf dem Rücken der Vorderpfoten liegen vier grössere eyförmige Schuppen; die übrigen sind alle kleiner. Der äusserste Fuß ist kolbicht, die Finger nicht zu unterscheiden, aber doch vier Krallen *); stark, gerade, kurz und abgestumpft. Die Länge der Schenkel beträgt

im

---

*) Doch ist meistentheils auch eine fünfte Kralle vorhanden, aber um die Hälfte kürzer, geschmeidiger, und der vierten oder äussersten Kralle dicht angedrückt; daher sie denn auch leicht übersehen wird. Dies ist wenigstens der Fall an einem vor mir liegenden Toskanischen Exemplar. Daher wird sich wahrscheinlich auch die Verschiedenheit in der Zahl der Krallen erklären, welche Cetti in dem oben angeführten Buche erwähnet: „Fünf Krallen, sagt er, habe ich regelmässig an den Vorder- und Hinterfüssen gefun„den; regelmässig, sage ich, denn häufig kommen auch Thiere derselben Art vor, welche „nur mit vier Krallen an den Vorderfüssen versehen sind. So habe ich einen ganzen

und

im Ganzen 1½ Zoll, aber nur ⅔ davon ragen über das Oberschild vor. Ihre Haut hat kleinere Schuppen; Finger sind an den Hinterfüssen ebenfalls keine, aber auch vier Krallen, etwas länger und ein klein wenig gebogener, als die der vordern.

Der Schwanz ist kurz, conisch, dick, am Ende mit einer hörnenen und gekrümmten Spize. Zunächst am Körper ist der Schwanz fast einen Zoll dick, verschmälert sich aber nach dem Ende hin bis auf den 3ten Theil; der Schwanz selbst ist krumm, einen Zoll lang, die hornichte Spize aber noch einen halben Zoll länger, stark, gekrümmt, und gelb. (In der Abbildung ist das Thier auf der einen Figur mit einwärts gekrümmtem Schwanze vorgestellt, wie er es an dem getrockneten Exemplar war.) Das Obertheil des Kopfes, die Vorderfüsse oben und unten, der äussere Theil der Schenkel und die Höhlen haben grössere und stärkere Schuppen. Der Hals, die Schultern und die übrigen Theile, kleinere, und wie es scheint, weichere. Die Farbe an dem Kopf und den Extremitäten ist oben dunkler, unterhalb aber mehr ins Gelbe fallend.

Es wohnt diese Schildkröte in den meisten von dem mitteländischen Meere bespülten Ländern; Griechenland hat ihr den Namen gegeben; aus Dalmatien gebrachte Schalen habe ich mehrere gesehen; sie ist ebenfalls in Sardinien, nach Cetti, in Afrika nach Gmelin, in Languedoc, nach Cepede, wenn anders seine *Tourtuga di Garrige* die nemliche ist, wie ich nicht zweifle.

„Für die Griechen ist sie, nach Forskål, eine Lieblingsspeise, die auch das rohe „Blut trinken, und die Eyer kochen. Im September vergräbt sie sich in die Erde, „und kommt erst im Februar wieder hervor. Im Junius legt sie an sonnenreichen „Stellen und in Gruben, die sie mit ihren Pfoten ausscharret, 4 – 5 weisse Eyer, „die den Taubeneyern gleichen, und aus welchen nach den ersten Tagen im Septem„ber die jungen Thiere, nur von der Grösse von Nußschalen, ausschliefen. Gme„lin. — Die Männchen, wenn sie aufgebracht sind, stossen aufeinander wie die „Widder, daß man den Schall weit höret. Linn. Sie übertreffen kaum jemals
„das

„und zahlreichen Haufen dieser Schildkröten gesehen, wovon nicht eine fünf Krallen hat„te, obgleich ich und andere mit mir, aufmerksam und fleissig sie durchsuchten; alle und „jede, männlichen und weiblichen Geschlechts, Junge und Alte, hatten nur vier Kral„len an den Vorderfüssen. Diese Herde wohnt im botanischen Garten zu St. Peter, „in Sassari. Diese in einer und derselben Art statt findende Verschiedenheit, in der „Zahl der Krallen, beweiset, daß die Zahl nur ein sehr unsicheres und unzuverlässiges „Unterscheidungszeichen abgebe.„ —

„das Gewicht von 48 Unzen, selbst die größten dieser Art nicht, und ihre Schalen „werden nur selten länger als 6 - 8 Zoll gefunden. Cetti. „

Man trift sie auch in einigen deutschen, noch häufiger aber in den Gärten von Italien an, wo sie gleichsam nur Fremdlinge sind. Ich habe Exemplare, welche mit dem abgebildeten genau übereinkommen, aus Florenz durch die Güte des Herrn Targioni Tozzetti, Prof. der Arzneygelahrh., erhalten, wo sie unter dem Namen „Erdschildkröte„ hinlänglich bekannt sind. Es wird nicht unangenehm seyn, wenn ich das wiederhole, was Herr Tozzetti über sie in seinem Briefe bemerket: „Ich „halte allerdings dafür, daß unsere gemeine Erdschildkröte, die griechische Schildkröte „des Linné sey. Sie ist in unsern Gärten gleichsam nur zu Gaste, pflanzt sich „aber leicht fort, erwächset langsam, und lebt viele Jahre. Einheimisch scheint sie „in Toskana nicht zu seyn, weil sie sich im Oktober schon bis auf zwey Fuß Tiefe „in die Erde vergräbt, und im April *) erst wieder hervorkommt; denn sie kan keine „Kälte vertragen. Der strenge Winter 1789 — 90 hat ihrer viel umgebracht, wel„ches wohl nicht geschehen seyn würde, wenn sie inländische und dem Clima ange„wohnte Thiere wären. Die Bemerkung Linne's von der griechischen Schildkröte, „daß die Männchen auf einander stoßen, gilt auch von der unsrigen, ich weiß aber „nicht, ob sie es mehr aus Zorn oder aus Liebe thun. Cepede hat sich geirret, „wenn er der griechischen Schildkröte 14 Zoll Länge zuschreibt, welche Größe sie bey „uns niemalen, auch Kopf und Schwanz mitgemessen, erreicht. Von dieser Schild„kröte habe ich keine Abarten bemerket, obgleich die Flußschildkröte (Europäische Schild„kröte, oben S. 8.) zuweilen einigen Veränderungen unterworfen zu seyn scheinet. „Der Panzer der Flußschildkröte ist niedriger als der Landschildkröte, ist oben schwärz„licher Farbe, mit kleinen gelben Flecken. Die Landschildkröte erreicht zuweilen, „doch selten, die Länge eines halben Fusses. Ich hatte Gelegenheit zwey Landschild„kröten zu sehen, die beyde für männlichen Geschlechts gehalten wurden. Die eine hatte „einen längern, und an der Wurzel dickern Schwanz, und der Abstand zwischen dem „Rücken- und Bauchschilde war bey ihr hinten grösser als bey der andern, weswegen „ich sie eher weiblichen Geschlechts zu seyn glaubte. Man schäzte sie beyde etwa „vier Jahre alt, und beyde waren 4 Zoll 7 Lin. Pariser Maaß lang, „3." 7."' breit und 2." 3."' hoch, und übrigens von einerley Verhältniß. Beyde „hatten 5 Krallen an den Vorderfüßen, wovon die drey mittlern länger und sich „einander gleich, der äussere kleiner, der innere aber der kleinste, waren. Der vor„dere Abstand des Rücken- und Bauchschildes betrug an beyden 13 Linien, der hin„tere Abstand aber war verschieden; bey der einen nemlich, deren Schwanz 1 Z. 9 L.
„lang

*) In Sardinien vom November bis in den Februar. Cetti.

Griechische Schildkröte.

„lang war, ebenfalls 13 Linien, bey der einen, deren Schwanz nur 1 Zoll Länge
„hatte, nur 9 Linien. An beyden war der Schwanz mit einer hornichten, harten,
„unten gefurchten Spize versehen, welche bey der langgeschwänzten zugleich etwas ge-
„krümmt war; an dieser war auch die Oefnung des Afters grösser und eyförmig,
„bey der andern hingegen rund und ungleich. Die langgeschwänzte pflegte öfters
„aus dem After einen rothen Körper, gleich einem männlichen Gliede, hervorzustrecken,
„und einen Saft dadurch von sich zu sprizen, auch unternahm es diese zuweilen die
„andern zu besteigen, aus welcher Ursache sie eher für das Männchen möchte zu hal-
„ten seyn, wenn nicht die grössere Afteröfnung, und der grössere hintere Abstand
„beyder Schalen das Gegentheil wahrscheinlicher machten. Der Besizer bemerkte
„auch, daß sie öfters zornig und beissend auf einander stossend losgiengen.

Welche und wie grosse Verschiedenheiten unter den Panzern einer und derselben Art statt finden, wird aus nachstehender Vergleichung erhellen. Ich habe Sechs Panzer von der griechischen Schildkröte vor mir, an welchen niemand die Verwandschaft und Aehnlichkeit der Art miskennen wird, obgleich auch schon der erste Anblick überzeuget, daß sie in einigen Punkten dennoch von einander abweichen.

Ihre Verschiedenheit betrift

1) Grösse der Schalen, welche sich folgendermassen verhalten:

	1ste	2te	3te	4te	5te	6te
Länge:	6. Zoll 6. Lin.	6.″ —	5.″ 6.‴	5.″ 6.‴	4.″ 6.‴	4.″ —
Breite:	4.″ 6.‴	4.″ 4.‴	4.″ 3.‴	4.″ —	3.″ 8.‴	3.″ —
Höhe:	3.″ —	3.″ —	2.″ 4.‴	2.″ 4.‴	2.″ —	2.″ —

2) Die Wölbung der Schale ist fast bey allen so angeleget, daß der Bogen über die Länge des Rückens, dem Bogen über die Quere beynahe gleich ist. Ein Faden nemlich, der von dem ersten ungepaarten Randschildchen über die Länge des Rückens bis ans Ende des eingebogenen Schwanzschildchens gezogen wird, hält, mit zufälliger Ausnahme von vielleicht nur wenigen Linien, das gleiche Maaß, welches der Bogen über die Quere des mittelsten Rückenschildes von einem Rande zum andern, mit demselben Faden gemessen, anzeiget. Eine so gebaute Schale kan mit Recht hemisphärisch oder halbrund genannt werden, obgleich der Umkreis des Randes von oben anzusehen, ablang oder elliptisch zu seyn scheinet.

G   3) Die

3) Die hinterſten Randfelder über dem Schwanze ſind bey allen convex; mehr als bey den übrigen ſind ſie es, und zugleich breiter und einwärts gebogener an der 2ten, 3ten, 4ten und 6ten Schale.

4) Die übrigen Randſchilder haben ringsumher mit der Scheibe einen faſt gleichen Abhang an der 1ſten, 5ten, und meiſt ſo auch an der 6ten, dahingegen

5) Die lezten und vorlezten Randſchilder breiter und abſtehender, und zugleich mit der äuſſerſten Kante etwas aufwärts gebogener ſind, an der 2ten, 3ten und 4ten, am meiſten aber an der 2ten, welche auf der IXten Tafel abgebildet iſt; nur etwas weniges dieſer Bildung ähnliches, zeiget ſich an der 5ten und 6ten, und am mindeſten iſt es an der 6ten bemerklich.

6) Der an ſich unbeträchtliche Ausſchnitt am Vordertheil iſt verhältnißmäſſig an der 6ten oder der kleinſten Schale am bemerklichſten, wenigſtens mehr ſo als an den gröſſern, und am unbedeutendſten an der 1ſten.

7) Die Wölbung der Rückenſchuppen iſt am beträchtlichſten an der 2ten. Taf. IX. deren einzelne Schuppen ungemein hochbauchicht ſind, und am allermeiſten das 5te der Mittelreihe. Ihr folgen, im Bezug auf Convexität der Schuppen, die 3te, 4te, 1ſte und 6te. An der 5ten ſind ſämmtliche Schuppen faſt platt.

8) Die Schuppenfelder haben bey allen genau dieſelbe Lage; nemlich in der Mitte der Rückenſchuppen, an dem obern und mittlern Theil der Seitenſchuppen, und im untern hintern Ecke der Randſchuppen. Ihre Geſtalt und Gröſſe iſt bey allen Schalen genau einerley, nur ſind ſie nicht überall noch gleich deutlich.

Die ſechſte und kleinſte Schale hat bey den nach ihrer mäſſigen Gröſſe gewölbten Schuppen, ziemlich deutliche und rauhpunktirte Schuppenfelder, an allen Feldern der Scheibe und des Randes, die zwey vordern der Mittelreihe ausgenommen, welche etwas abgerieben ſind.

Die fünfte und gröſſere, als die vorhergehende Schale, hat unter allen die platteſten Schuppen, aber die deutlichſten und warzicht-punktirteſten Schuppenfelder; doch aber ſind auch an ihr die zwey vorderſten etwas abgenüzet.

Die

Die vierte zeiget zwar die Umrisse der Schuppenfelder, aber keine Spur mehr von Vertiefungen und Punkten.

Die dritte hingegen, grösser als die vorige, hat wiederum ganz deutliche und zugleich rauhpunktirte Schuppenfelder. —

Die zweyte, Taf. IX., deren Rückenschuppen, wie schon vorhin bemerkt, die erhabensten und bauchigsten sind, hat fast gar keine Spuren von Schuppenfeldern mehr; und es entstehet daher die Vermuthung, daß mit zunehmender Erhöhung und Wölbung der einzelnen Schuppen die vorhin bestehenden Eindrücke der Schuppenfelder verloren gehen; denn sie sind auch an den Seitenfeldern der Scheibe nur schwach bemerklich, so wie die umhergehenden Furchen fast völlig verflächet sind.

Die erste und grösseste aller verglichenen Schalen ist durchaus ohne alle Merkmale der dagewesenen Schuppenfelder, auch die Furchen sind an den meisten Stellen ganz verlöscht, und die ganze Schale scheint vor Alter gleichsam geglättet und abgeschliffen zu seyn.

9) In der Stellung und Vertheilung der Farben kommen sämmtliche vorher angeführte Schalen auf eine bemerkungswerthe Weise überein; so sind z. B. die vordern und die Seitenränder aller Rückenschuppen, und ein länglichter nach der Mitte derselben liegender Fleck, schwarz; das übrige Feld gelb; nur Tiefe der Farbe, Breite des schwarzen Fleckes und der schwarzen Einfassung, sind an einer oder der andern der sechs unter sich verglichenen Schalen, die vielleicht aus sehr verschiedenen Gegenden abstammen mögen, etwas abweichend.

10) Endlich sind die Maaße, Gestalt, Verhältnisse, Lage und Verbindungen der Felder aller dieser Schalen, nach ihren verschiedenen Grössen beurtheilet, sehr übereintreffend. Und es ergaben sich, um nur einige zu bemerken, folgende Geseze des Ebenmaaßes:

Wenn der Querdurchmesser des mittelsten Rückenfeldes auf der Scheibe zum Maasstab angenommen wird, so füllen zwey solche Maaße den Raum zwischen dem Vorderrande des angezeigten Feldes, und dem Vorderrande des Panzers selbst, drey hingegen beträgt der Raum zwischen des angezeigten Feldes hinterem Rande und dem hintern Rande des Panzers; zwey dergleichen

chen Maaße füllen den Raum zwischen dem Seitenwinkel des Mittel- oder Centralfeldes und dem Seitenrande des Panzers; fünf und ein halbes solches Maaßes füllen die halbe Länge des Panzers, nach der Furche gemessen, welche zwischen dem Rande und der Scheibe ist; eilf dergleichen Maaße daher bestimmen den ganzen Umkreis der Scheibe. Der Durchmesser jenes mittelsten Rückenfeldes, von vorne nach hinten genommen, (welcher kürzer ist, als der Quer-Durchmesser) bestimmt die Breite des 3ten und 4ten Seitenfeldes der Scheibe, und $\frac{2}{3}$ ihrer Längen. Die Höhe des Randes, von der vierten zur siebenten Randschuppe, gleicht der Breite zweyer von den nemlichen Randschuppen; und so weiter. Ich begnüge mich diese angezeiget zu haben, denn es ließen sich noch viele andere dergleichen Verhältnisse angeben, welche, wenn auch nicht durchgehends ganz pünktlich, doch gewiß größtentheils genau zutreffen, und im Ganzen doch beweisen, daß die Geseze des Wachsthums und der Bildung einzelner Theile, nach bestimmten und schönen Verhältnissen, von der Natur angeleget sind. Aus den vorangeschickten Bemerkungen ergiebt sich aber noch weiter:

a) Daß die Vertiefung und punktirte Rauhigkeit der Schuppenfelder auf der Scheibe nicht zu Bestimmungszeichen der Arten anzuwenden sey, indem sie vorzüglich nur an jungen Thieren am bemerklichsten sind; und daß ihr früheres oder späteres Auffüllen und Unscheinbarwerden von individuellen, zufälligen und meist äussern Einwirkungen abzuhängen scheine.

b) Daß das nemliche auch von der grössern oder mindern Erhabenheit oder Convexität der einzelnen Schuppen gelte.

c) Daß die Farben nicht wesentlich, sondern nur als heller oder dunkler verschieden seyen.

d) Daß die Bemahlung der Schalen, oder eigentlicher die Stellung und Vertheilung der schwarzen Parthien auf dem gelben Grunde, sehr beständig sey; indem sie sich in fast allen gleich ist, wenn auch andere Merkmale der größten Verschiedenheit unterworfen scheinen.

e) Daß die Bildung des hintern Randes an der nemlichen Art verschiedentlich abweiche; wovon jedoch die nähern Berichtigungen noch unerforerforschet sind. Daß etwas von dem Geschlechte abhänge, läßt sich vermuthen, weil die 2ten, 3ten und 4ten Panzer, deren Ränder nach hinten breiter und aufgebogener sind, zugleich die plattesten Bauchschilde haben.

Graf Cepede hat unter dem Namen der Griechischen Schildkröte mehrere, und die verschiedensten Schildkröten, fast aus allen Weltgegenden *), in eine Art zusammengeworfen. Seine Abbildung, und die dazu gehörige Beschreibung, stellen ein ganz anderes Thier vor, welches in der Folge dieses Werkes unter dem Namen der breitrandichten Schildkröte vorkommen wird. In seiner Beschreibung der griechischen Schildkröte gedenket er mit keiner Sylbe der hornichten Schwanzspize, ob er gleich an einem andern Ort S. 134. bey Gelegenheit der Linneischen Scorpion-Schildkröte saget, daß ein so beschaffner Schwanz den meisten, und vornehmlich den erwachsenen griechischen Schildkröten eigen sey; aber auch S. 156. diese Aeusserung dadurch wieder entkräftet, daß er **) die Cellulosität an der Spize des Schwanzes nicht als Eigenheit der Grösse, bey den griechischen Schildkröten, gelten lässet.

Da fast in allen Naturaliensammlungen Exemplare der griechischen Schildkröte des Linné vorkommen, so ist es allerdings zu bewundern, daß bisher eine genauere Abbildung und Kenntniß derselben vermißt wurde. Linné selbst hat auf keine Figur verwiesen, und daher blieb seine kurze und vieldeutige Beschreibung derselben auf so mancherley, und die verschiedensten Thiere, anwendbar. Die erste Abbildung dieser Schildkröte hat, wie es scheint, Mayer in dem oben angezeigten Werke, auf der 28sten Tafel gegeben; welche, was zumal die Vorstellung von unten, dann Kopf, Füsse und Schwanz betrift, ganz genau mit der unsrigen übereintrift, nur die Zeichnung von oben, und die ziemlich nachlässige Illumination, scheinen ein Thier von ganz anderer Art anzudeuten.

---

*) „On trouve la Tortue Grecque dans presque toutes les regions chaudes &c. en Ma-„cedoine, en Grèce, à Amboine, dans l'isle de Ceylan, dans les Indes, au Japon, „dans l'isle de Bourbon, dans celle de l'Ascension, en Afrique, en Amerique &c. „*Cepede.* 154.

**) „Nous remarquerons un caractère presque semblable, la queue garnie d'une cellosité „dans plusieurs Tortues terrestres, et particulièrement dans celles qui ont atteint leur „entier développement. *Cep.* 134. — Nous ne croyons cependant pas que cette „cellosité soit un attribut de la grandeur dans les Tortues grecques. *Cep.* 156.

Zu den Schildkröten, welche, einiger Aehnlichkeit wegen, bisher von den Schriftstellern mit der griechischen Schildkröte verwechselt worden sind, gehören: die griechische Schildkröte des Cepede; welche sich durch ihren an den Flanken eingezogenern, nach hinten aber breitern Rand unterscheidet, und nur 24 Randfelder hat. Die Stobäanische Schildkröte bey Gmelin; welche nur 22 Randschilder hat; dann die kleine Schildkröte des Linne', (T. pusilla) und die gefurchte Schildkröte (T. sulcata) des Miller, von welchen leztern mir aber noch keine Exemplare zu Handen gekommen sind.

Tab. IX.

TESTUDO GRAECA. B.

Griechische Schildkröte. B.

Das auf dieser Tafel vorgestellte Schild gehöret gleichfalls zur griechischen Schildkröte, und ist die oben unter den sechs verglichenen Schalen unter Nro. 2. erwähnte Spielart. Sie kommt in den wesentlichsten Kennzeichen mit den übrigen überein, zeichnet sich aber aus durch die grössere Convexität aller Rückenschuppen, und besonders der 5ten; durch die nach hinten gelegenen breiten, auswärts und aufwärts gestülpten Randschuppen, welche, wenn man das Schild von unten ansiehet, es in einer eyförmigen Gestalt erscheinen lassen, da es von oben anzusehen doch nur ablang ist.

Das Maas und Verhältniß der Felder unter sich weichet bey ihr zwar um etwas weniges von den übrigen ab, welche Abweichung aber von keinem Belang ist, zumal die übrigen Merkmale alle genau zutreffen, die hier zu wiederholen überflüssig seyn würde, da sie oben schon hinlänglich erörtert worden sind.

Tab. X.

Tab. X.

TESTUDO GEOMETRICA. *L.*

T. fcutellis teftae ovatae omnibus elevatis fuperne planis, ftriis flavis velut e centro ftellatim concurrentibus. *Schneid.* Schildkr. p. 352. — *Linn.* Syft. Nat. ed. *Gmel.* n. 13. p. 1044.

T. nigricantibus et flavefcentibus figuris geometricis. Jaboti. (Sabuti.) Pif. Americ. p. 106. tab. 105. n. 5. f.

T. picta vel ftellata. *Worm.* Muf. p. 317.

T. tefta teffelata major e Madagafcar. *Grew.* Muf. tab. 3. f. 1. 2.

T. teffelata minor. *Raj.* quadr. 259.

T. minor amboinenfis. *Seb.* Muf. 1. t. 80. f. 8.

T. terreftris altera, Brafilienfis. ib. f. 3.

? T. major oblonga, tefta profundiori, cute loricata, unguibus palmarum 5, plantarum 4; Hicatee. *Brown.* Nat. hift. of Jamaica. p. 466. n. 5. ?

T. unguibus acuminatis: palmarum 5, plantarum 4. *Linn.* Muf. Adolph. Frid. I. p. 50. Amoen. acad. I. p. 139. n. 24.

T. geometric. pedibus pofticis palmatis, teftae fcutellis elevatis truncatis. *Linn.* Syft. nat. XII. p. 353. n. 13.

Gefternte Schildkr. *Gottwald.* Schildkr. tab. K. fig. 13. 16.

Knorr Delic. Nat. Tom. II. tab. LII. fig. 3.

T. geometrica, fcutellis centro flavis, flavoque radiatis. *Cepede* Tab. IX. p. 157. et Bonaterre.

Geometrische Schildkröte.

Diese in fast allen Cabinetten am häufigsten vorkommende, und schon ihrer eleganten Zeichnung wegen kennbarste Schildkröte, bedarf nur einer kurzen Beschreibung. Der Panzer ist eyförmig, sehr hoch gewölbt, so daß die Höhe fast die Hälfte der Länge beträget. Nach vorne ist sie abhängiger, hinterwärts und an den Seiten aber stark abschüssiger. Der knöcherne Panzer ist nach Verhältniß des Thieres beträchtlich dick und schwer.

Die Scheibe hat 13 Felder. Die fünf mittlern sind meistens sehr hoch gewölbt, und oben platt abgestumpft; starke Vertiefungen entstehen daher zwischen ihnen selbst und zwischen den Seitenfeldern; an den einzelnen Feldern sind niedliche und ziemlich regelmässige Rippen und Furchen, die einander umschliessen, bemerklich, in Absicht auf Zahl aber nach Alter und Grösse der Schalen veränderlich scheinen. Das Schuppenfeld im obersten und mittelsten Theil jeder einzelnen Schuppe ist etwas vertieft, rauh punktirt, und hat eine Warze oder kleine länglichte und glatte Erhöhung in der eigentlichen Mitte. Diese Schuppenfelder sind an den grössern Schalen von derselben Figur und Umfang, wie bey den kleinsten, und es erhellet daher, daß sie durch zunehmendes Wachsthum der Schalen nicht verändert werden. Das erste und lezte Feld der Mittelreihe sind unregelmässig fünfeckicht; die übrigen sechseckicht; das dritte und vierte aber meist höher und grösser, als die übrigen.

Von den vier Seitenfeldern der Scheibe hat das erste eine unregelmässige Gestalt; die drey andern sind fast gleich abwärts und länglicht-viereckicht; unterwärts platter, nach oben, wo das Schuppenfeld die Mitte einnimmt, meist erhabener.

Der Rand ist am Vordertheil abhängig, an den Seiten und nach hinten aber mit der Scheibe gleich stark abschüssig, hat ringsum scharfe Kanten, und ist vorne tief ausgeschnitten. Die gewöhnlichste Zahl der Randfelder ist 24, (zuweilen aber sind am hintern Rande ein paar eingeschobene und folglich 26); das vorderste ungepaarte ist das kleinste; das hinterste auch ungepaarte ist meist bauchichter, tiefer herabgehend als die übrigen, und einwärts gekrümmt; alle andere, zumal an den Seiten, sind länglicht-viereckicht, gefurcht, und haben das Schuppenfeldchen in der hintern und untern Ecke.

Die Farbe der Schale ist schwärzlicht, oder sehr dunkelbraun; der Umkreis der kleinen Schuppenfelder aber gelb; von diesem aus gehen in jedem einzelnen Felde gerade, gelbe und einer Linien breite Streifen nach dem Rande der Felder, wo sie an die ähnlichen Streifen der nächstliegenden Felder stossen; die Zahl dieser Streifen ist unbeständig, meistens sind ihrer aber doch auf den Feldern der Mittelreihe 10, 12-13, und an den Randfeldern 2 bis 3.

Das Bauchschild ist meist platt, hat 5 Quernäthe und eine Längsnath. Das Hintertheil des Bauchschildes berührte fast den Rand des Oberschildes, und ist spiz ausgekerbt. Das Vordertheil des Bauchschildes mangelte an allen von mir gesehenen Panzern, weil es immer, wie es scheint, um die innern Theile auszumachen,

abge-

abgebrochen werden mußte; daher mußte auch unsere Abbildung dieses Theils unvollständig bleiben.

Das Mittel des Bauchschildes ist der Quere nach in zwey Hälften getheilt, davon die vordere schmäler, die hintere breiter ist; seine Flügel oder Seiten-Fortsäze sind kurz und nur wenig aufgebogen, es ist daher die Fläche des Bauchschildes an den größten Panzern kaum einen halben Zoll über den Rand des Oberschildes vorstehend. Eine enge Knochennath vereiniget beyde Schilder vom 5ten bis 9ten Randfelde; aber die innwendigen Fortsäze des Bauchschildes schliessen sich auch noch an die jenen äussersten zunächst liegenden Randfelder an. Die hintere Oefnung zwischen beyden Panzern, für den Schwanz und die Schenkel, ist sehr enge, und an der größten Schale kaum einen Zoll lang und einen halben Zoll breit. Die Farbe des Bauchschildes ist braun, um die Schuppenfelder lichter oder gelblicht, und von da aus verbreiten sich auch ähnliche gerade Streifen, und von derselben Farbe, wie am Oberschilde.

Die Verhältnisse der Maasse waren bey sechs verschiedenen Schalen folgende:

	1.	2.	3.	4.	5.	6.
Länge:	5. Zoll - Lin.	4.″ 6.‴	4.″ 3.‴	4.″ —	3.″ 9.‴	1.″ 5.‴
Breite:	3.″ 3.‴	3.″ 3.‴	3.″ 3.‴	3.″ —	2.″ 8.‴	2.″ 1.‴
Höhe:	2.″ 2.‴	2.″ 2.‴	2.″ —	1.″ 10.‴	1.″ 9.‴	— 11.‴

Von dem Thiere selbst fehlet noch eine gute und getreue Beschreibung. Der Schwanz wird als kurz angegeben; die Vorderfüsse sollen 5, die hintern 4, Finger? und Nägel haben. Nach Seba soll die Farbe des Kopfs oben blaß — unten stärker, und auch die Schuppen der Füsse gelb, seyn.

Ihr Vaterland ist Asien und Afrika; das Himmelfarths-Eyland *) und Vorgebürge der guten Hofnung **). Ich zweifle, ob auch die südlichen Gegenden des
russi-

---

*) Woher sie nach Cepede p. 158. in das Königl. Cabinet zu Paris gebracht worden.

**) Thunbergs Reisen. Deutsche Uebers. p. 166. und 266.

russischen Reiches *) und Amerika **)? Zuverlässig ist die Heymath dieser sonst so bekannten Schildkröte noch nicht genau genug bestimmt, und **Thunberg** scheint mir der einzige Glaubwürdige und Augenzeuge für seine Angabe zu seyn.

Tab. XI.
und
Tab. XII. fig. 1.

TESTUDO MARGINATA.

Testa oblonga, gibba; lateribus retusa, margine postico explanato-depressa, scutellis XXIV.

T. graeca. Figura *Ceped.* Tab. VIII. et descript. p. 145. 146.
Pfuhl-Schildkröte. *Mayers* Zeitvertr. Tom. II. Tab. 61-63.
T. *graja*, testa postice explanato-depressa, lateribus retusa, scutellis subgibbis, glabris; marginali anteriori lineari. *Hermann.*

Breitrandige Schildkröte.

Rückenschild ablang, hochgewölbt, mit stark eingezogenen Flanken; der aus 24 Schuppen bestehende Rand ist hinterwärts flach auswärts gebreitet.

Der hochgewölbte Panzer ist ablanger Figur, so daß dessen nach der Länge gemessener Bogen den Querbogen um ein Viertheil übermisset; die Höhe ist ein Drit-

---

*) Voyages chez les Peuples Kalmoucks. Berne 1792. „Près de Pawlowsk, sur le „Don, on rencontre les premieres Tortues, T. geometrica? il y en a de moyenne „grandeur et des petites, on en trouve difficilement des grosses. Ses figures geo-„métriques représentées sur leurs écailles, sont ou *des quarrés parfaits*, ou *des „parallelogrammes.*„ Welche Kennzeichen aber unserer T. geometrica nicht entsprechen.

**) Hecatee des Browne, gehört wahrscheinlich zu einer andern Art; denn die von ihm angegebene Grösse (von 1½ Fuß) der Schale weicht zu sehr von der bey allen übrigen Schalen gemein beobachteten Grösse ab.

Drittheil, die Breite der Wölbung aber der halben Länge des Panzers gleich. Die Scheibe hat 13 Felder. Die fünf mittlern sind flach-erhaben, so nemlich, daß das Mittel des Feldes an einer bejahrtern Schale etwas über seinen plattern Umkreis erhaben ist; sie sind meist glatt, oder mit Parallel-Linien nur leicht gefurcht. Das vorderste Feld ist fünfeckicht, mit krummlinichten Seiten, abhängig, und nach unten niedrig gekielt; das vorragende Schuppenfeld lieget nach oben und ist mit parallelen Furchen umgeben. Das zweyte nähert sich einem Sechsecke, dessen vordere Schenkel kürzer und gekrümmt, die hintern breiter und gerader, die mittlern aber ebenmässig und gebogen sind. Das dritte oder mittelste liegt wagerecht, ist wenig erhaben, sechseckicht, die vordern und hintern Ränder sind breiter und geradlinichter, als die an den Seiten. Das vierte ist ungleichseitig sechseckicht, nach hinten schmäler und abschüssig, das in der Mitte liegende Schuppenfeld vorragender. Das fünfte ungleichseitig fünfeckicht, flächer und stark abhängig.

Die vier Seitenfelder haben die obere Hälfte, in deren Mitte das Schuppenfeld lieget, convexer, die untere sehr glatt abschüssig und leicht gefurcht. Das erste hat unregelmässige Gestalt, den untern Rand bogicht. Das zweyte und dritte sind von oben abwärts ablang-viereckicht, und an Grösse wenig unterschieden; ihnen an Gestalt ziemlich ähnlich, aber kleiner ist das vierte.

Die Hauptfarbe der Schuppen ist braunschwärzlich, bis auf die mittlern mehr gewölbt vorstehenden Schuppenfelder, welche mit Gelb, aber ungleich, bezeichnet sind.

Der Rand bestehet aus 24 Schuppen; davon die vorderste ungepaarte die kleinste, gleichbreit und etwas vorragend ist; die drey nächstliegenden zu beyden Seiten sind mit dem vordern Theil der Scheibe gleich abhängig und scharfkantig. Von der fünften aber bis zur neunten sind sie alle viel abschüssiger, und des Oberschildes Flanken erscheinen einwärts gebogen und verengt, besonders bey der 6ten, 7ten und 8ten Schuppe, welche bey drey Linien einwärts stehen, so daß bey der Ansicht des Panzers von oben her von dem Mittel der Scheibe, der darunter gelegene Rand gedeckt wird; auch in der Gegend die Kante des Randes am meisten abgestumpft. Der hintere Theil des Randes begreift sieben Schuppen, (nemlich die über dem Schwanze, und drey ihr an jeder Seite zunächst liegende,) welche ungewöhnlich breit, und flach auswärts gebogen sind; die an den hintern Näthen vorspringenden Ecken bilden an jeder Seite drey deutliche sägeförmige Einschnitte; die lezternsind die tiefsten. Das hinterste über dem Schwanze liegende Feld ist das breiteste, zugerundet, flach, und niederwärts gebogen, so daß es sich tiefer, als die übrigen, herab-

herabsenkt. Dieses lezte Feld ist einfach, und scheint auch nie getheilt gewesen zu seyn, indem nur ein einfaches Schuppenfeld am äussersten Rande zu sehen ist, und nach diesem einzigen die parallelen Furchen umher geordnet sind.

Es hat demnach der Rand am Panzer bey dieser Art seine eigene und von den meisten Arten ausgezeichnete Bildung; es sind nehmlich von den 24 Randfeldern,

1. vorderstes, das schmalste, gleichbreit, vorne spizig.
1. hinterstes, das breiteste, breitgestreckt, zugerundet.
11. zu beyden Seiten,
    3. vordere, der Scheibe gleich abhängig, mit wogichter und schärfer Kante.
    5. in den Flanken, senkrecht, stumpfkantig, und von diesen die drey mittlern stark einwärts gebogen.
    3. hintere, breit auswärts gestreckt, mit sägeförmigen Einschnitten.

Die Schuppenfelder sind viereckicht, aber diese sowohl, als die sie umgebenden parallelen Furchen, erscheinen an der schon bejahrten Schale nur ganz wenig.

Die Farben des Randes verhalten sich folgendermassen. Die Schuppen in den Flanken, von der vierten bis zur achten, haben die vordere Hälfte schräge abwärts, schwarz, das übrige gelb. Die vordern und hintern Randfelder sind dunkelfarbig, (schwärzlich-braun) und nur an der Stelle des kleinen Schuppenfeldes mit einem gelben Fleck von unbestimmter Grösse und Figur bezeichnet. Die Farbenstellung an den Schuppen der Flanken aber bildet bey der Ansicht des Panzers von der Seite und in einiger Entfernung zwischen dem 4ten bis zum 9ten Randfelde, sechs dreyeckichte gelbe, mit eben so vielen schwarzen abwechselnden Streifen; jene haben ihre breitere Basin oberwärts und die Spize nach unten, der Gegend des Schuppenfeldes zugekehrt; diese sind unten breiter und verengen sich nach oben. Die untere Seite des Randes ist blaß.

Das Bauchschild theilt sich in drey Theile, und zwölf Felder. Der Vordertheil ist dem obern Rande an Länge gleich und ausgekehrt; der hintere kürzer als der Oberrand und zwiespaltig. Die Felder des Mittelstückes sind ungleich; das vordere ist kürzer, beyde aber schliessen sich durch ihre aufgebogenen Flügel an das Oberschild. Diese Verbindung geschiehet durch eine feste, gewundene Knochennath, von dem vierten bis zum neunten Randfelde; aber nur das 5te, 6te, 7te und 8te stehen in ganzer und unmittelbarer Verbindung; das 4te und 9te nur zum Theil und

mit-

mittelst eines eingeschobenen Knochens. Die Farbe des Bauchschildes ist größtentheils weißlich oder ins Gelbe fallend, mit schwarzen dreyeckichten Flecken, deren Grundflächen an den Quernäthen anstehen. Der Bauchschild des hier beschriebenen Exemplars war nach der Mitte hin tiefer.

Dieser von Hrn. Prof. Hermann uns mitgetheilte Panzer war 10½ Zoll lang; das Oberschild 3½ Zoll, mit dem Bauchschilde aber 4¼ Zoll hoch; an der eingezogenen Stelle der Flanken 5 Zoll, am hintern breitern Rande fast 6½ Zoll breit. Jede der einzelnen hintern Randschuppen waren 2 Zoll breit. Der ganze Panzer sehr ins Gewicht fallend.

Der Panzer schien von einem bejahrtern Thiere zu seyn, denn er war hier und da an der Oberfläche abgerieben; Kopf und Gliedmaßen fehlte. Die Figuren bey Cepede und Meyer zeigen einen stumpfen, abgestuzten Schnabel; kurze, starke, kolbichte, mit größeren Schuppen belegte Pfoten; an den vordern 5, hintern 4 Krallen. An der Cepedischen Figur zeigt sich kein Schwanz; an der Meyerischen aber ein kurzer, konischer, das Oberschild kaum überragender. Nach der Bildung der Panzers und der Füsse ist es eine Landschildkröte. Von der griechischen Schildkröte unterscheidet sie sich durch die größere Statur, (welche jene nicht erreicht;) durch die Zahl der 24 Randschuppen; durch ihre platt abschüssigere Flanken, und den eben daselbst eingezogenern und stumpfern, nach hinten aber flächern und breitern Rand, und endlich durch die von jener verschiedene Farbenstellung.

Ihre eigentliche Heymath ist noch unbekannt. Ein mir in Holland vorgezeigter Panzer dieser Art, soll aus Südamerika gekommen seyn.

Daß auch diese Art Abänderungen unterworfen sey, habe ich an zwoen in Holland beobachteten Exemplaren bemerkt, von welchen, ob sie gleich beide an Größe, Gestalt, Bau und Farbe dem Beschriebenen überhaupt gleich waren, doch das eine den hintern Rand nicht so breit als unsere Abbildung, das andere aber das vorderste ungepaarte Randfeld so klein und schmal hatte, daß es kaum bemerkt wurde.

Die Figur sowohl als Beschreibung der unter dem Namen griechische Schildkröte bey Cepede vorkommenden Arten, trift mit der unsrigen gänzlich überein, und gehört auch zuverläßig zu der hier abgehandelten; die Ansicht der

Taf. 8. des Cepedischen Werkes, noch mehr aber die vorzüglichsten Punkte seiner Beschreibung werden es beweisen:

„Die griechische Schildkröte, heißt es S. 143. u. f., welche ich nach einem „lebenden Thiere beschreibe, war 14 Zoll lang und fast 10 Zoll breit, nach der „Wölbung des Panzers gemessen. Der Kopf 1 Zoll und 10 Lin. lang, 1 Zoll und „2 Lin. breit, 1 Zoll hoch, dreyeckicht und oben platt. Die Augen hatten eine „Blinzhaut, und nur das untere Augenlied war beweglich. Die starken Kie„fer waren gezähnelt und innwendig rauh, weswegen ihr fälschlich Zähne zuge„schrieben wurden. Der Gehörgang war durch die allgemeine Decke verschlossen. „Der Schwanz 2 Zoll lang. Die Füsse kolbicht; die vordern 3½, die hintern 2½ „Zoll lang. Die Haut warzicht-schuppicht, mehr oder weniger braun. Die Scheibe „hat 13 gestreifte Felder; der Rand hat 24 Felder, alle, vorzüglich „aber die hintern, viel grösser als in den meisten andern Schild„kröten-Arten, und so gefügt, daß der Rand des Oberschildes „sägeförmig oder gezähnelt erscheinet; das Oberschild ist stark gewölbt und „4 Zoll hoch." Das Vaterland dieser Schildkröte zeigt er nicht an, im allgemeinen sagt er aber von seiner griechischen Schildkröte, daß sie im mittäglichen Europa, in Griechenland, Amboina, Ceylon, in Indien, Japon, Afrika, ja auch in Amerika wohne; woher deutlich genug erhellet, daß er die meisten und die verschiedensten Landschildkröten unter einem Namen in eine Art zusammengeworfen habe, von welchen allen ausser seiner Abbildung und der ihr zugehörigen, hier ausgehobenen Beschreibung, keine andere hieher gehöret.

Die Meyerische Abbildung stellet unsere Art ziemlich gut vor, wenn man einige Abweichungen, die vielleicht sein Exemplar hatte, wie auch die sorglose Ausmahlung des Bildes, und die ohnehin mit mehr Schwierigkeiten verbundene Abzeichnung der Schale von oben, abrechnet.

Die Taf. XII. Fig. 1. stellet den Umriß der breitrandigten Schildkröte dar, um dadurch den Unterschied derselben von der nächstfolgenden Art (Fig. 2. Taf. XII.) desto anschaulicher werden zu lassen.

Tab. XIII.
und
Tab. XII. fig. 2.

TESTUDO TABULATA. *Wallbaumii.*

Tefta oblonga gibba, fcutellis difci rectangulis, fulcatis, areolis fub-
gibberis; margo aequalis fcutellis XXIII.

T. americana terreftris, forte Jaboti Brafilienfibus, Cagado de Terra Lufitanis dicta. Marggravii. *Kil. Stobaeus* act. litt. et fcient. Suec. 1730. p. 59. — *Schneid.* Nat. Gefch. der Schildkr. p. 363.

T. terreftris Brafilienfis. *Seba thef.* Tab. 80. fig. 2.

Teftudo tabulata. *Wallb.* chelonogr. p. 78. et 122.

Teftudo terreftris fquamis aureis teffelata. Plumier. *Gautier* Obfervat. fur l'hiftoire naturelle T. I. Part. III. pag. 150. Tab. C. — *Schneid.* Schrift. d. Berl. Naturforfch. Fr. IV. B. 3. St. p. 262.

T. tefta ovali gibba: fcutellis difci medio flavis, margine nitente atris, fulcatis, lateralibus polygonis. *L. Syft. nat. ed. Gmel.* T. 10. 33. p. 1045.

Getäfelte Schildkröte.

Oberschild ablang und hochgewölbt; Felder der Scheibe rechtwinklicht,
gefurcht, mit vorstehenden Schuppenfeldern; Rand gleichförmig
mit 23 Feldern.

Der Panzer, nach welchem die Abbildung auf der XIII. Tafel entworfen ist, ward mir zugleich mit dem der vorhergehenden breitrandigen Schildkröte von Herrn Prof. Hermann unter dem Namen der Linneischen griechischen Schildkröte mitgetheilt. Die Beschreibung eines andern Panzers von dieser nehmlichen Art, und zum vorigen vollkommen passend, erhielt ich von dem Herrn Prof. Retzius. Die vollständigste und genaueste Beschreibung aber, nach der von Kil. Stobäus

in den ältern schwedischen litterarischen Abhandlungen gegebenen, hat Wallbaum a. a. O. mit folgenden Worten entworfen: "Der Harnisch ist schwer *) und stark, "fast so hoch als breit, ablang **), vorn ausgekerbt, mit gerändelten, punktirten "und an einander gefügten Schuppen gleichsam getäfelt, von kastanienbrauner und "hellgelber Farbe, wovon die erste den grössesten Theil der Schuppen rund herum "bey den Näthen, und die lezte den übrigen Theil in der Mitte einnimmt. Der "Schild ist beynahe zweymal so breit an der Oberfläche als das Brustbein, rund=
"herum stark gewölbt, dergestalt, daß der mit 23 Schuppen bedeckte Rand hinten "und zu beiden Seiten eine senkrechte, vorne aber eine abschüssige Richtung hat. "Die dreyzehn Schuppen der Scheibe sizen wechselsweise in drey Reihen, so daß "die hervorstehende mittelste Ecke einer jeden Rückenschuppe in den Winkel tritt, "welchen zwey benachbarte Seitenschuppen übrig lassen. Die Schuppen, wenn sie "nach der Länge des Schildes betrachtet werden, sind alle insgesammt breiter als "lang, und stehen bey den jungen Schildkröten höher als die Näthe, bey alten aber "wenig oder gar nicht. Zwey von den langen Näthen, welche zu beyden Seiten "der Rückenschuppen herunter gehen, haben die Form eines flachen Zikzaks. Außer "diesen befindet sich noch eine zwischen dem Rande und der Scheibe, welche auch "ein wenig zikzakförmig ist und der Biegung des Randes folget. Die übrigen sind "gerade, und laufen fast alle in die Quere. Die Schuppen der Scheibe werden von "sehr vielen gleichlaufenden Reifen und Furchen als mit einem breiten Rahmen um=
"geben und über die Hälfte bedecket, wovon die auswendigen kastanienbraun und "die innern wachsgelb aussehen. Die Mitte der Schuppen nimmt ein bräunlich=
"gelbes Feld ein, welches ein wenig gewölbt, und mit erhabenen Punkten dicht be=
"sezt ist, auch eine ähnliche Form mit dem Umfange eines jeden Schildes hat. Die "fünf Rückenschuppen erstrecken sich von der vordern bis zur hintern Seite des "Randes. Die erste hat ein etwas kielförmiges Feld, und die Form des Zapfens, "welchen man in der Baukunst Schwalbenschwanz nennt, indem sie hinten schmäler "als vorne ist. Die vordere lange Seite krümmet sich ein wenig nach dem Rande, "und die Reife sind in der Mitte eingeknickt, daß sie daselbst einen sehr flachen "Winkel machen, daher man sie auch fünfeckicht nennen kann. Die zweyte ist etwas "kleiner als die erste, breiter als lang, hat sechs Ecken, wovon die beyden stumpfe=
"sten

*) Die Schale des Herrn Prof. Hermanns wog $46\frac{1}{2}$ Unze; seine Graja (T. margina-
ta) hingegen, bey fast gleicher Grösse, nur $\frac{2}{3}$ so viel. So nennt auch Herr Retzius die vom Stobäus beschriebene Schale, die schwerste aller ihm vorgekommenen; sie wog nehmlich 27 Unzen schwedisches Civil=Gewicht.

**) S. die unten angegebenen Maaße.

„sten in dem Winkel der ersten und zweyten Seitenschuppe an jeder Seitenschuppe
„eingefüget sind. Die gegenüber stehenden Seiten derselben sind einander gleich und
„parallel. Die dritte kommt mit der zweyten überein. Die vierte ist etwas länger
„und hinten schmäler als die dritte, hat sechs Ecken und eben so viel ungleiche Seiten,
„wovon die grösseste gegen die dritte Schuppe tritt. Die fünfte liegt über dem
„Kreuzbeine, gleicht mehrentheils der ersten, ist aber in der Mitte gewölbt, vorn
„schmäler als hinten, allwo ihr Rand bogicht, bey alten Schildkröten aber zwey-
„mal eingeknickt ist, und daher sechseckicht zu seyn scheinet. Die Seitenschuppen sind
„nicht grösser als die Rückenschuppen. Die erste hat die Form eines Quadranten,
„woran die Spize abgestuzt ist. Sie lieget zwischen der ersten und zweyten Rücken-
„schuppe, der zweyten Seitenschuppe und dem Rande des Schildes. Die zweyte
„und dritte sind einander gleich, liegen zwischen der zweyten, dritten und vierten
„Rückenschuppe, und der fünften, sechsten, siebenten und achten Randschuppe. Die
„vierte ist etwas niedriger als die vorhergehenden; sie hat nur vier ungleiche Seiten,
„wovon die obere am kürzesten ist. Sie lieget zwischen der vierten und fünften
„Rückenschuppe, und der neunten und zehnten Randschuppe. Auf dem gekerbten
„Rande sitzen 23 gefurchte Schuppen. Ihr unterer Rand ist abgestuzt und ein
„wenig auswärts gebogen; welchen man aber an den alten Schildkröten nicht fin-
„det; weil er mit den Jahren abgenuzet wird. An der lezten Schuppe, welche die
„andern an Grösse übertrift, bieget sich der Rand unterwärts gegen das Brustbein,
„und macht daher diese Schuppe gewölbt.

„Das Brustbein ist im Durchmesser etwas schmäler und kürzer als der Rand
„des Schildes, unten flach, und hinter der Mitte etwas eingedrückt, hat zwey breite
„aber kurze Flügel, und vorne, auch hinten, einen ausgebreiteten Lappen. Der
„vordere übertrift den hintern in der Länge, ist halbtellerförmig, hat vorn einen ab-
„gestuzten Fortsaz, welcher eben so weit als die vordere Seite des Randes am
„Schilde hervorstehet, und zugleich etwas in die Höhe gebogen ist. Der hintere
„Lappen ist am Grunde und in der Mitte dem vordern ähnlich, hat aber am Ende
„einen weit ausgekerbten Fortsaz, der in zwey stumpfwinklichte Spizen ausgehet,
„welche sich gegen den Rand des Schildes ein wenig aufwärts krümmen. Seine
„Richtung an jungen Schildkröten gehet gerade fort gegen den Rand des Schildes,
„bey alten aber, wo die Oberfläche des Brustbeins um die Mitte eingedrückt ist,
„neiget er sich ein wenig herab bis an die beyden Spizen. Die kurzen Flügel stei-
„gen gegen den Rand des Schildes in die Höhe, sind auswärts gewölbt, und an
„dem Rande des Schildes durch eine enge Nath unterwärts befestiget. Die Ober-
„fläche des Brustbeines ist durch eine lange Nath in der Mitte, und durch fünf
„ande-

"andere, die jene in die Quere durchschneiden, in acht viereckichte, ungleiche Fel-
"der abgetheilet, welche wie die Randschuppen des Schildes gereifet sind."

Die Grösse und Verhältnisse dieser Art geben folgende Maasse verschiedener Panzer an:

Hermann.   10 Zoll 6 Lin. Länge.   6 Zoll 6 Lin. Breite.   5 Zoll - Lin. Höhe, von dem
                                    Brustbeine aber nur 4 Zoll vom Rande des Panzers.
Retzius.   9.″ -   Länge.   5⅜.″ -   Breite.   5.″   -   Höhe.
Wallbaum.   9.″ 6.″   —   5.″ 9.‴   —   4.″ 1.″   —
Stobäus.   10.″ -   —   6.″ 6.‴   —   5.″   -   —

Die Beschreibung, welche Kil. Stobäus von dieser Schildkröte gegeben, saget nur weniges von der Beschaffenheit des Panzers; hingegen enthält sie umständlichere Nachrichten von den übrigen Theilen, welche an Wallbaums und Hermanns Exemplaren mangelten.

"Der Kopf, sagt er, sey einem Schlangenkopf ähnlich; äussere Gehöröfnung
"und oberes Augenlied fehlen; er ist oben mit gelben, unten mit rothen Flecken be-
"zeichnet. Der Mund ist mit hörnenen eingesägten Rändern versehen, statt der
"Lippen. Beyde Kiefer sind mit kleinen Zähnen besezet. (Klein gezähnelte Kiefer
"giebt auch Retzius an.) Die Zunge ist breit und rund. Die Augen schwarz,
"blöde, und immer feucht, so daß das lebende Thier öfters Thränen zu vergiessen
"schien. Der Hals, welchen sie bis fast auf vier Zoll Länge ausstrecken oder wieder
"unter den Panzern verbergen konnte, war mit einer braunen, runzlicht-schuppich-
"ten Haut bedeckt. Die dicken Füsse waren kaum gebogen, roth gefleckt, sie konnte
"sie unter die Schale einziehen; die vordern hatten fünf breite Nägel, die hintern
"vier *). Der dicke konische Schwanz ist ungefähr eines Zolls lang, den sie eben-
"falls nach Willkühr einbiegen oder ausstrecken konnte; in ihm ist die Oefnung des
"Afters."

Ihre Heimath scheint das südliche Afrika zu seyn. — Zwar gab Seba, und nach ihm Gmelin, Südamerika dafür an; sie führen aber keine Zeugen dafür auf.

Hin-

---

*) "Platte Vorderfüsse, mit grossen ziegelförmig liegenden Schuppen bedeckt; ohne Finger,
"aber mit 5 schräge abgestuzten Klauen; Hinterfüsse, fast dreyeckicht, kolbicht, schup-
"picht, mit 4 ähnlichen Nägeln versehen." Retzius.

Hingegen finden wir in Thunbergs Reise nach dem Vorgebürge der guten Hoffnung die Abbildung eines Hottentottischen Halsschmuckes, an welches, nebst andern Dingen, auch eine kleine unverkennbare Schale dieser Art mit angereihet ist; es ist daher wahrscheinlicher ihr Vaterland dort zu suchen.

Das Thier, welches Kil. Stobäus beschrieben, nahm wenig und die schlechteste Nahrung, nehmlich Hüner- und Taubenkoth, doch auch Erdäpfel; es lebt lange, und begnügt sich mit ausserordentlich wenigem Trinken.

Getäfelte Schildkröte nannte sie Herr Wallbaum ungemein passend, wegen der sehr regelmässigen und schön geordneten Schuppen; auch hat er sie nach Stobäus am genauesten beschrieben, und seinen Namen beyzubehalten war derohalben billig.

Der Panzer der getäfelten Schildkröte ist von den übrigen Arten hinlänglich und deutlich ausgezeichnet, durch die geradern Winkel der Schuppen, durch ihre meist tieferen und breiteren Furchen und Reifen, und die geradelinichten Näthe, die ihr fast vorzüglich eigen sind. Ueberdies scheint die Zahl der Randschuppen, 23, sehr beständig und charakteristisch zu seyn; an fünf Panzern, von sehr verschiedener Grösse, fand ich diese beständige Zahl; eben so viele waren in Herrn Retzius Beschreibung angemerkt; und die nehmliche Zahl lässet sich in der Sebaischen und Gautierischen Abbildung ganz deutlich erkennen. Es fehlet nehmlich bey allen die andere gewöhnliche vorderste und schmälste Randschuppe, und die hinterste ist ungetheilt.

Die Farben werden sehr verschieden angegeben; vielleicht, daß sie auch durch Zufälle oder die Zeit veränderlich werden. So sind nach Retzius die Schuppen schwarz, und in der Mitte weißlicht; nach Seba purpurfarbig im Umkreis, und blaßroth in der Mitte.

Kopf und Füsse sind nach Seba aschengrau; nach Gmelin aber roth gefleckt.

Das Bauchschild ist gelb, nach Gmelin; weißgelb hingegen und in der Mitte mit einem braunen viereckichten Flecke, nach Retzius. Das auf Taf. 13. abgebildete Exemplar hatte in der Mitte seiner ganz schwarzbraunen Schuppen ein kleineres hochgelbes Feld, und beyde Farben schneiden sich scharf ab.

Am verschiedensten sind die Farben in Gautier's Gemälde. Die Hauptbildung des Panzers, der Gliedmassen, die rechtwinklichte Zusammenfügung der Schuppen, die Zahl der Randschuppen ꝛc. treffen genau überein; aber die Hauptfarbe des Panzers ist ein blasses fast röthlichtes Braun, die kleineren Mittelfelder sind citrongelb mit bläulichtem und nach innen röthlichtem Rande; die Füsse sind grünlich mit blutfarbenen Flecken, der Kopf röthlich, vorgestellt. Welches alles, wenn es Naturgetreu ausgedrückt ist, eine schöne Spielart anzeigen würde; denn übrigens ist, auch nach Herrn Schneiders Urtheil, diese Gautierische Abbildung zur Stobäanischen Schildkröte passend.

Nach der Sebaischen Figur haben die Hinterfüsse fünf Krallen. Uebrigens ist ein schönes Verhältniß zwischen den verschiedenen Theilen des vollwüchsigen Panzers bemerklich. Denn das mittelste Feld des Rückens ist gleichsam der Maasstab für die meisten übrigen. Seine kurzen Seiten sind 13, die beiden längern 24 Linien lang.

Diesem Maasstabe der kürzeren Seiten entsprechen mit unbedeutenden Abweichungen:

Die Seitenwinkel des 2ten und 4ten Rückenfeldes; folglich auch die obern Schenkel der Seitenfelder, mit welchen sie an jene anschliessen. Die Furche zwischen dem ersten und zweyten Seitenfelde, und die zwischen dem dritten und vierten, haben das doppelte Maas; wie auch die Basis des dritten Seitenfeldes, und mit einem geringfügigen Unterschied auch die des vierten.

Die Länge vom obern Winkel des zweyten Seitenfeldes, (womit sie an das zweyte und dritte Randfeld anschliesset,) bis zum vorragenden Rande des Oberschildes gemessen, enthält genau viermal jenes Maas. Das nemliche Maas ist gleich der untern Länge der meisten Randschuppen, nehmlich von der vierten bis zur eilften durchgehends. Das Bauchschild, nach der mittlern Längsnath, enthält jenes Maas achtmal.

Die Verhältnisse anderer Theile bestimmen sich nach dem Maasse der längern Seiten jenes Centralfeldes. So z. B. die Basis des zwoten Seitenfeldes; der Abstand der beyden obern Winkel des hintersten Randfeldes; der schräge Durchmesser des sechsten und siebenten Randfeldes; die beiden vorlezten Randfelder zusammen gemessen. Aber auch der Umkreis der Scheibe, (nach der Furche gemessen, welche den Rand und die Scheibe trennet,) enthält die siebenfache Länge jenes Maasses.

Doch

Getäfelte Schildkröte.

Doch scheinet ein solches bestimmteres Verhältnis der Theile nur an vollständigen und ganz ausgebildeten Panzern stat zu finden.

Folgende Verschiedenheiten waren an zwey kleinen, nur sieben Zoll langen Panzern bemerklich:

1) Von den Rückenfeldern hatte das zweyte und dritte vorzüglich ungleiche Randseiten; so nehmlich, daß von den Seitenwinkeln, (welche den Näthen der Seitenfelder zwischen dem 1ten und 2ten, und zwischen dem 2ten und 3ten entgegenstehen,) der hintere kürzer ist, und daher eben dieses Verhältniß umgekehrt an den obern Randseiten der Seitenfelder statt finden muß. Mit zunehmendem Wachsthum des Panzers also, müssen sich die hintern Schenkel der Rückenfelder, und die vordern Schenkel der Seitenfelder verlängern, um ebenmässig zu werden, wie sie es an dem ausgebildeten Panzer sind.

2) Die Schuppenfelder sind rauh punktirt, doch das Mittel der meisten abgerieben und glatt.

3) Das fünfte Rückenfeld, mit den an ihm anliegenden drey hintersten Randfeldern, sind schroffer abschüssig, als an den grössern Panzern.

4) Der Furchen, welche die Schuppenfelder umzingeln, sind weniger an der Zahl, als an den grossen Panzern. Demnach wird wohl von der Zahl dieser Furchen auf das Alter geschlossen werden dürfen, wie bey den Jahrringen der Bäume?

5) Das Bauchschild der beiden kleinern Panzer ist flächer. Unter diesen beiden Panzern, die an Grösse, Gestalt und Farben einander ganz gleich sind, findet aber doch wieder ein anderer Unterschied statt; denn an dem einen sind der mittlere Theil der Felder vorragender, und die Schuppenfelder mit breitern und erhabenern Reifen umgeben.

Tab. XIV.
TESTUDO TABULATA. *Pullus.*

Getäfelte Schildkröte.
Eine Junge.

Die nach der Natur gefertigte Abbildung stellet eine junge getäfelte Schildkröte vor, welche im Cabinet zu Erlangen befindlich ist. Zur anschaulichen Kenntniß der Beschaffenheit des Kopfes und Gliedmaßen wird dieses Gemälde nicht überflüssig seyn.

Die Gestalt des ganzen Panzers und seiner Felder entspricht der, des vorhergehenden, ältern. Die einzelnen Felder sind nur mit einem einfachen, aber etwas breitern Reife umfasset; da hingegen an der vorigen bejahrtern Schale mehrere Reifen und Furchen auf jedem Felde bemerklich sind. Das Schuppenfeld scheint zwar, nach dem Verhältnisse jeder Schuppe selbst, ansehnlich groß zu seyn, in der That aber ist es nur von derselben Grösse als an den grössern Panzern, platt, rauh punktirt und citronengelb. Das vorderste Rückenfeld ist fünfeckicht, aber vorne nicht breiter als hinten, wie an den grössern Panzern. Das zweyte und dritte zeigen einige Spur eines Kieles, mit geringen Vertiefungen an dessen Seiten. Der Rand hat nur 23, den der grössern Schalen gleichgefleckte Felder; in den Flanken ist ihre Kante doch schärfer und etwas aufgestülpt. Das Bauchschild ist flach, und in der Mitte hinterwärts mit einem ovalen Fleck bezeichnet — welches ein Nachbleibsel des Nabels zu seyn scheinet?

Der Panzer ist etwas weich und noch leicht biegsam.

Die Länge des Oberschildes ist 2 Zoll 3 Linien; Breite 1 Z. 9 L.; Höhe 1 Z. ungefähr.

Der Kopf ist länglicht-eyförmig, oben mäßig gewölbt. Auf der Mitte des Schedels liegt eine grössere runde Schuppe, von vorne mit sechs kleinern, von hinten

ten mit einer halbmondförmigen einzigen umgeben. Die grössern Schuppen sind blaß citronengelb, hie und da mit braunem Rande. Der Schnabel ist stumpf. Die Nasenlöcher nicht vorstehend. Augen schwarz. Hals und Kehle weiß.

Vorderfüsse kurz, kolbicht, unten breit, mit grössern harten Schuppen beleget. Keine Finger; aber 5 gerade scharfe Krallen. Hinterfüsse ebenfalls kurz, kolbicht, und stumpfer als die vordern, mit kleinern und dünnern Schuppen, nach aussen, bedeckt; nur über den Krallen, deren 4 sind, liegen einige grössere und stärkere.

Der kurze, dicke, konische Schwanz überraget kaum das Oberschild, und ist mit kleinen Schuppen bekleidet.

Tab. XV.

TESTUDO TERRAPIN.

Testa supera depressa, scutellis dorsi anterioribus carinatis, margine laterali costato, postico crenato.

An: — The Terrapin, Testudo quarta minima lacustris, unguibus palmarum quinis, plantarum quaternis, testa depressa, ovali. *Brown.* Hist. nat. of Jamaica. pag. 466. n. 4.

Testudo palustris. *Linn.* Syst. nat. ed. *Gmel.* n. 23. p. 1041.

Terrapen, testa superiora planiuscula et ovata. *Cepede* pag. 229. et *Bonaterre* n. 26.

Die Terrapin.

Niedriges Oberschild, vordere Rückenfelder gekielet, der Rand in den Seiten gerippt, nach hinterwärts gekerbt.

Das ablange Oberschild ist sehr flach, niedrig, aber ebenmäßig gewölbt; beide Seiten der Scheibe stellen schräge, abschüssige, kaum merklich konvexe Flächen dar;

dar; der Rand ist vorne ausgeschweift, an den Flanken gerade, am Hintertheil eyförmig zugerundet und gekerbt. Die 13 Felder der Scheibe sind um ihr sehr kleines Schuppenfeld tief gefurcht *) und breit gereifet; welche Reifen (oder erhabenen Abstände der Furchen) nach vorne breiter sind. Der Rückenkiel ist stumpf, und an den Fugen der Felder unterbrochen.

Das 1ste Rückenfeld ist fast fünfeckicht und stumpf gekielt, und dessen vordere Seite an Breite den 3 vordersten Randfeldern gleich. Das zweyte und dritte sind sechseckicht, breiter als lang, haben krummlinichte Seiten, (besonders die erwachsenen,) und nach vorne stumpfe Ecken; ihr Kiel ist zwar erhabener, als an dem ersten, aber doch stumpf, glatt und nach hinten abhängiger; das vierte ist den vorigen ähnlich, aber breiter, abschüssiger, und seine hintere Seite gebogener; das fünfte ist unregelmässig fünfeckicht, platt abschüssig, mit einem kaum merklichen und sehr niedrigen Kiel.

Die Schuppenfelder sind an den jüngern Panzern rauh punktirt, kleiner, und von dem Kiele der Länge nach getheilet; an grössern und ältern Panzern sind sie abgenüzt und kaum mehr merklich. Der Kiel auf den vier erstern Rückenfeldern ist erhabener und ausgezeichneter, und scheint derohalben, nebst der übrigen Bildung des Panzers, ein nicht zu verachtendes Unterscheidungs-Kennzeichen an die Hand zu geben.

Die 4 Seitenfelder der Scheibe, an jeder Seite, sind platter als an irgend einer andern Art; ihr kleines Schuppenfeld liegt nach der Mitte des hintern Randes, und ist mit tiefen und breiten Furchen und Reifen umgeben, ausgenommen an der hintern Seite, wo jene Reifen und Furchen sich verschmälern. Das erste Seitenfeld hat eine unregelmässige viereckichte Gestalt; die untere Seite ist breiter und bogicht; das zweyte ist das grösseste, und fünfeckicht; das dritte ist unregelmässig und verschoben fünfeckicht; das fünfte ist das kleinste und von unregelmässiger Gestalt.

Der Rand des Oberschildes ist vorne abgestumpft und ausgeschweift; längs der Flanken hin gerade, an der hintern Hälfte eyförmig gerundet, und stumpf gekerbet; ringsum aber ist die äusserste Kante in die Höhe aufgebogen, und bildet gleichsam eine Leiste um den innern Rand. Die 24 Randfelder sind beynahe viereckicht,

---

*) Ausser den Furchen, welche die einzelnen Felder durchschneiden, ist ihre übrige Oberfläche glatt. An einer der Schalen aber, welche ich besize, sind nebst jenen allen gemeinen und parallelen Furchen, auch andere gekrümmte, gewundene, gleichsam von Würmern ausgefressene Linien zu sehen.

Die Terrapin.

eckicht, schmal, und mit der Scheibe gleich abschüssig; das vorderste ungepaarte ist ein verkürztes Viereck, und scharfkanticht; die drey vordern nächstliegenden haben eine aufgebogene stumpfe Kante; die fünf längst den Flanken sind obenher schmal, erweitern sich aber bauchicht unter= und auswärts, zumal die drey mittlern, welche sich mit den, an dieser Art höhern, Flügeln des Bauchschildes vereinigen; drey nächstfolgende sind breiter, haben eine schärfere, aber doch aufgebogene Kante; die hintersten beyden sind oben vertieft, und an der Fuge ausgekerbt.

Das Schild ist meistens einfarbig, aber doch nicht immer von derselben Farbe, sondern entweder bräunlicht, bleyfarben, oder aschfarben; an den jüngern Schalen, dergleichen die abgebildete ist, doch gemeiniglich lichter, und hin und wieder, besonders um die Säume der Rücken= und Randfelder, mit etwas weißgelb untermischet.

Das Bauchschild ist schmäler und etwas kürzer als das obere; vorne abgestumpft und ausgeschweift; hinten schärfer ausgekerbt; platt, stark, beträchtlich und überall gleichweit von dem obern abstehend. Durch die gewöhnlichen Näthe wird es in 12 Felder getheilt. Die mittlern Quernäthe sind geradelinicht. Die Flügel des Brustschildes sind breit und hoch, schräge aus= und aufwärts stehend; durch eine enge und feste Nath mit dem Panzer vereiniget, von aussen an den drey mittlern Randfeldern, nach innen aber auch an den beiden jenen nächstliegenden.

Die Farbe des Bauchschildes ist bey einigen ganz weiß, bey andern bräunlich, oder, wie in dem abgebildeten Exemplar, weiß mit schwarzen Streifen.

Der größte von den vor mir liegenden Panzern ist $6\frac{1}{2}$ Zoll lang, $4\frac{1}{4}$ breit, und $1\frac{1}{2}$, vom Rande ab, hoch. Das abgebildete Exemplar ist $4\frac{1}{4}$ Zoll lang, $3\frac{1}{4}$ Zoll breit, 1 Zoll, vom Rande ab, hoch. Die Flügel des Bauchschildes 1 Z. breit, und $\frac{1}{2}$ Z. hoch. Es scheint also das gewöhnlichere und mittlere Verhältniß der Höhe zur Länge des Panzers zu seyn, wie 1 zu 4.

Ihre Heimath ist Nordamerika. Unter dem Namen Terrapins werden sie häufig in Philadelphia und andern Orten auf die Märkte zum Verkauf gebracht. Obgleich die Beschaffenheit des Kopfes und der Glieder mir nicht genau bekannt sind, so weiß ich doch zuverlässig, daß sie eine Wasser=Schildkröte ist, denn die größte Schale, welche ich von dieser Art besitze, ist von einem in den halbsüßen Gewässern an der Küste von Long=Eyland gefangenen Thiere. Zwey solche Panzer

74 Die Terrapin.

habe ich aus Amerika mit gebracht, und zwey andere kleinere sind mir später durch Herrn Prof. Heinrich Mühlenberg *) zugeschickt worden.

Ob es eine ganz neue und noch unbeschriebene Art sey, bleibt für jezt unentschieden; wahrscheinlich möchte sie einerley Art mit der von Browne oben angeführten Terrapin seyn; denn ausser der Uebereinkunft der Namen scheinen auch die zutreffende Grösse, niedrige und ovale Schale und ändere Umstände, es glaublich zu machen. Auch die von Browne erwähnte Terrapin hält sich in stehenden Wassern in Jamaika auf, und nährt sich auf den anliegenden Grasplätzen, hat eine niedrige eyförmige Gestalt, und wird selten mehr als 8 oder 9 Zoll lang. Zu dieser Angabe des Browne sezt Cepede noch hinzu, daß ihr Fleisch schmackhaft und gesund sey, welches ebenfalls auf unsere passet.

Der Name Terrapin scheint aber mehrern Arten gegeben zu werden, denn so belegt auch Edward die Dosen-Schildkröte mit dem nehmlichen Namen der Terrapin. Indessen hat schon Herr Schneider, Nat. Gesch. der Schildkr. S. 335., erinnert, daß die Edwardische und Brownische Terrapin nicht einerley Thier sey.

*) In seinem neuesten Briefe sagt Herr Mühlenberg von dieser Art: „Sie hält sich „in salzichten Wassern auf, und wird zuweilen bis zu einem Fuß lang. Sie hat „Schwimmfüsse, vorne 5, hinten mit 4 Fingern, und einem kurzen Schwanz.

Tab. XVI.

Caret = Schildkröte.

Tab. XVI.

TESTUDO CARETTA. L.

Testa ovato - cordata, serrata; scutellis disci quindecim, dorsalibus postice gibbis.

T. Caouanne. *Rochef.* hist. nat. des Antilles p. 248. fig. p. 246.

Caouanne. *Labat* Voyages aux Isles de l'Arerique. Tom. I. pag. 182. et 311. Deutsche Ueberfetz. von Schad. 2ter B. 17. Cap.

T. marina. *Caldesi* observat. anatom.

T. marina. *Gottwald.* Fig. I. II. III. ?

T. marina Caouanna dicta. *Raj.* p. 257. *Catesby* tab. XXXX. p. 40.

Loggerhead - Turtle. T. unguibus utrinque binis, acutis, squamis dorsi quinque gibbis. *Brown.* jam. p. 465. n. 3.

T. pedibus natatoriis, unguibus acuminatis palmarum plantarumque binis. *Gronov.* Muf. Ichthyol. T. II. n. 69.

T. pedibus pinniformibus, unguibus acuminatis geminis, rostro acuminato: testa ovata serrata, dorso tuberculato. *Gronov.* Zoophyt. n. 71.

T. *Caretta*, pedibus pinniformibus, unguibus palmarum plantarumque binis, testa ovata acute serrata. *Linn. Syst. nat.* XII. p. 351. n. 4.

Die Meer-Schildkröte. *Meyers* Zeitvertr. Tab. XXX. et XXXI.

Caret. *Dict. Encycloped.* Planch. Vol. 2. Tab. XXV. fig. 2.

The mediterranean Tortoise. *Pet. Brown.* New Illustr. of Zool. Plate XLVIII. fig. 3. Pullus.

Testuggine di Mare. *Cetti* Storia di Sardegna. Tom. 3. p. 12.

T. Caretta. *Wallbaum* Chelonograph. p. 4. et 95. Exclus. Synon. *Brown.* et *Catesb.* — Animal. ped. 1. poll. 8. long. accurate descripsit.

T. *Cephalo*, scutellis dorsalibus postice gibbis, unguibus palmarum plantarumque binis. *Schneid.* Schildkr. p. 303. n. 2.

T. Caretta. *Linn.* Syst. nat. Ed. *Gmel.* p. 1038.

T. Caouanna, unguibus acutis: plantarum binis. *Cepede* p. 93.

T. Caouanna, pedibus pinniform. testa ovata, margine serrata, scutellis mediis postice acutis, unguibus plantarum palmarumque binis. *Bonaterre* n. 3.

Caret = Schildkröte.

Die Oberschale ist ey = fast herzförmig, sägeförmig gezähnt; die Scheibe hat funfzehn Felder, davon die auf den Rücken hinterwärts höckericht sind.

Die Oberschale ist eyförmig, oder mehr herzförmig, um die Mitte breiter, hinterwärts verengt und etwas spizig ausgehend; nach dem Halse hin etwas vorgestreckt, ausgeschweift und rundlich; an den Seiten und hinterwärts weitläuftig gezähnt; die hintersten Sägezähne sind tiefer und spiziger; sie ist flach gewölbt, so daß die Höhe des Schildes nur ein Drittheil der Länge, oder etwas darüber, beträgt.

Funfzehn Schuppen liegen auf der Scheibe in drey Reihen wechselsweise vertheilt. Die fünf mittlern längs des Rückens sind fast sechseckicht und leicht gekielt; ihr Kiel aber ist nach dem Hintertheil jeder Schuppe erhabener und höckericht an jungen Panzern, an ältern Panzern hingegen verlängert sich der Kiel meist in einen scharfen Zahn, der zuweilen auch in eine längere, die nächst anliegende Schuppe überragende, Spize ausgehet; doch werden auch Panzer, sogar von beträchtlicher Grösse, angetroffen, deren Kiel nur ganz niedrige und stumpfe Höcker hat; es ist aber noch unbestimmt, ob diese Verschiedenheiten im Alter, in der Grösse, oder vielleicht im Geschlechte ihren Grund haben.

Die beyden flachabschüssigen Seiten sind jede regelmässig mit fünf überzwerch liegenden, länglichten, fünfeckichten Schuppen bedeckt; sie sind ungleich und nehmen nach der Ordnung zu und ab; die mittelste ist die grösste *). Diese gefünfte Zahl der Seitenschuppen scheint sehr beständig zu seyn, indem sie an den größten eben sowohl

---

*) Wallbaum. S. 9. — Ausser diesen gewöhnlichen fünfzähligen Reihen der Scheibe finden sich aber doch auch an dieser, so wie bey andern Arten, zuweilen noch einige zufällige Vermehrungen der Schuppenzahl. So bemerkt Wallbaum S. 19. an seiner Abart der Caret = Schildkröte — sieben Schuppen längs des Rückens und zehn auf den abschüssigen Seiten; nehmlich zwey zufällige kleinere, anders gebildete Nebenschuppen, waren zwischen den gewöhnlichen, und dadurch verkürzten, fünf Rückenschuppen eingeschaltet. Einige solche überzählige eingeschaltete Schuppen bemerke ich auch an einer kleinen, im Weingeist bewahrten, Caret = Schildkröte; aus den veränderten und unrichtigen Verhältnissen der übrigen läßt sich aber bald abnehmen, daß dieses nur zufällige Mehrheit ist. —

Caret-Schildkröte.

sowohl als den kleinsten Panzern dieser Art gewöhnlich angetroffen wird. Aber ihre Oberfläche ist uneben; die obere Hälfte ist platt und gleich; an der untern Hälfte hingegen bilden sich, zwischen den 8 etwas vorstehenden wahren Rippen *) des unterliegenden Knochengerippes, sieben deutliche und merkliche Vertiefungen.

Der Rand ist dicker als die Scheibe des Schildes, wulstig, und niedergedrückt; er hat 25 kleinere, ungleiche Schuppen, sie sind fast viereckicht, länger als breit, die hintern aber, welche mehr rautenförmig werden, enden sich jede in eine gerade, nach hinten gekehrte Spize.

Das Bauchschild ist kürzer und schmäler als der Panzer, hat zu beyden Seiten Flügelansäze, vorne und hinten einen geraden abgerundeten Lappen; hat längs der Mitte eine flache Vertiefung, an deren Seiten zwey stumpfe kielförmige Kanten herablaufen; es ist mit einer dicken lederartigen Haut bekleidet, welche durch verschiedene nach der Länge und in die Quere gehende, nicht sehr deutliche, Furchen in zwölf ungleiche Felder in der Mitte, und vier kleinere an jeder Seite auf den Flügeln, abgetheilt ist. Das Bauchschild wird von der 6ten bis zur 10ten Randschuppe durch starke Bänder an das Oberschild befestiget.

Der Kopf ist von mäßiger Grösse, vom Umfang eyförmig, im Durchschnitt viereckicht; der Schnabel kurz und keilförmig; oben ist der Kopf ein wenig convex, auf dem Scheitel mit einer grösseren erhabenen Schuppe, und um diese her mit zwölf kleineren beleget; die Seiten des Kopfes sind senkrecht und platt. Der Schnabel ist keilförmig, fast gerade, nach vorne mit einer abgenüzten scharfen und steilen Kante. Die Kiefer sind ungleich, messerförmig, in einander tretend, und nach der Spize zu fein gekerbt. Die rundlichen Nasenlöcher liegen über der Spize des Schnabels in einem weichen etwas vorragenden Hübel. Der Hals ist kürzer und dicker als der Kopf, mit einer runzlichten Haut bekleidet; nur den Hals, aber nicht den ganzen Kopf, kan das Thier bis unter den Schild einziehen und verbergen.

K 3 Die

---

*) „Acht wahre und eine falsche Rippe, auf jeder Seite, bilden eigentlich den Schild. „Die wahren gehen vom Rückgrade bis zum Rande. Der Zwischenraum der Rippen ist „von der obern scharfen Kante des Rückgrades nur bis auf ⅔ ihrer Länge mit einer „knochigen Platte ausgefüllt; das untere ⅓ des Zwischenraums ist inwendig mit einer „sehnichten Haut, und auswendig mit den darauf liegenden Schuppen zugedeckt." S. Wallbaum. Gerippe der Caret-Schildkr. S. 40. §. 28.

Die Füsse liegen in den Ausschnitten des Brustbeins horizontal, nach beyden Seiten auswärts gestreckt; sie sind ungetheilt, jeder mit zwo Krallen bewafnet; und können nicht ganz unter den Panzern zurückgebogen werden. Die Haut der Füsse ist runzlicht, oben mit viereckichten und rundlichten, weichen Schuppen bedeckt. Die Vorderfüsse sind lang, platt, floßartig, und in verschiedene Richtungen wendbar; der Vordertheil, oder die Hand, ist ungetheilt, fast sichelförmig, und endigt sich in eine stumpfe, mit einer grossen Schuppe belegte Spize. Die Hinterfüsse sind viel kürzer als die vordern, das äusserste oder der Plattfuß ist ebenfalls ungetheilt, spathelförmig, stumpf ausgekerbt, und mit einem dem vordern ähnlichen Ueberzug bekleidet. Die zwo Krallen sind stark, kurz, schmal, platt, wenig gekrümmt, spizig, von einander abstehend, und sizen am äussersten Rand des ersten und zweyten Fingers jedes Fusses. Die der Vorderfüsse sind länger, als die der Hinterfüsse. Die Spizen der übrigen Finger sind jede mit einer grossen Schuppe belegt.

Der Schwanz ist konisch, mit einer runzlichten Haut bezogen, bald um etwas länger, bald auch kürzer, als der Rand des Panzers.

Die Farbe des getrockneten und auf der XVten Tafel abgebildeten Exemplars war oben schmuzig gelbbraun, unten weißlicht. Es scheint aber, daß die Farbe dieser Art ziemlich veränderlich sey. Wallbaum, welcher zwey Thiere dieser Art beschrieben, bemerkt, daß die des erstern oben braunroth, hin und wieder gelb durchstreift, unten aber weißgelb gewesen sey; des zweyten und kleinern Thieres Farbe war lebhafter im Ganzen; die braunrothe Farbe auf der Mitte der Schuppen fiel etwas ins Dunkelroth, und am Rande derselben war sie schwarz. Es leuchteten auch die gelben strahlichten Streifen, welche von dem hintern Rande einer jeden Schuppe der Scheibe gegen den vordern Rand liefen, aus der rothbraunen Farbe deutlicher hervor. Die Randschuppen waren größtentheils schwarz, und gegen den auswendigen Rand gelb. Die untern Theile des Körpers, welche in der erstern pomeranzengelb waren, sahen hier citronengelb aus. Cepede giebt die Farbe gelblicht und schwarz gesleckt, Gottwald braun, an, und Caldesi sagt: der Oberschild von den Meerschildkröten hat mancherley Farben, die sich ins schwarze, ins graue, rothe, gelbe, in Gold- und Pomeranzenfarbe ziehen, die sich aber erst deutlich zeigen, wenn man diese Ränder im kochenden Wasser von den Knochen getrennt hat.

Sie wohnt im atlantischen und im mitteländischen Meere.

Sie durchstreift den ganzen Ocean, wovon Catesby ein Beyspiel anführet. Nach Cetti wird sie bey Cagliari und Castell Sardo zuweilen zu 400 Pfund schwer

schwer gefangen. Ich habe zu Neapel eine solche im dasigen Hafen gefangene Schildkröte von 100 Pfund und drüber gesehen; an ihrem Panzer klebten Wurmröhren und andere Schmarozer-Conchylien. Ihr Fleisch hat einen ranzichten, unangenehmen Geschmack, daher wird diese Art in Westindien, (wo man nemlich auch die ungleich bessere grüne Schildkröte hat,) wenig geachtet, und sie vermehren sich aus dieser Ursache auch stärker in dasigen Gegenden. Catesby. Unterdessen ist sie doch den italienischen Mönchen ein angenehmes Gericht. Die Eyer sind eine bessere Speise. „Sie ist unter allen Schildkröten die kühneste und gefräßigste, und nähret „sich auch mehr von unflätigen Dingen. — Sie nähren sich meistens von hart„schaligten Thieren, indem sie wegen Stärke und Härte ihrer Kiefer im Stande „sind, die stärksten Schalen zu zerbeissen, sonderlich aber das Blashorn, von wel„chem ich selbst einige Stücke aus ihrem Magen herausgenommen habe; auch habe „ich in grossen Muscheln Löcher gesehen, welche, wie mir die Fischer sagten, von „diesen Schildkröten ausgebissen worden. Catesby.

Die hornichte Belegung dieser Schildkröte ist nicht schön von Farben, dünn und biegsam. Es ist daher zweifelhaft, ob sie jemals zu Kunstarbeiten verwendet worden, wie Wallbaum S. 13. angiebt. Wahrscheinlich hat diesen Schriftsteller die unrichtige Anwendung des Namens Caretta irre geführt; denn Caret ist bey den französischen Kaufleuten die gangbare Benennung des eigentlichen Schildpackes als Handelswaare, welches aber einig und allein von der schieferartigen Schildkröte genommen, und diese daher gemeiniglich auch Caret genennt wird.

Eine genaue Beschreibung des Gerippes und der innerlichen Theile unserer Schildkröte hat Wallbaum a. a. O. gegeben.

Das Exemplar, nach welchem die verjüngte Abbildung auf der 15ten Tafel gemacht ist, war zu Livorno gefangen, und ist ein Geschenk des Herrn Ottaviano Targioni Tozzetti zu Florenz. Die Länge des Oberschildes ist $7\frac{1}{2}$ Zoll; die größte Breite bey der dritten Rippe 6 Zoll; die größte senkrechte Höhe des Panzers, von dessen Rand ab, 2 Zoll; vom Bauchschild auf aber $3\frac{1}{2}$ Zoll. — Die beiden von Wallbaum beschriebenen Panzer halten

der erste $14\frac{1}{2}$ Z. Länge; 12 Z. Breite; $5\frac{1}{3}$ Z. Höhe, vom Bauchschilde auf.
die andern 12 Z. — 9 Z. — 5 Z. — — —

Es ergiebt sich daher das Verhältniß der größten Breite zur Länge, wie ohngefähr 4 Z. 5. —

Caret-Schildkröte.

Auszeichnende Merkmale dieser Art sind:

1) Die zur Länge des Schildes verhältnißmäſsig gröſsere Breite.

2) Die regelmäſsig gefünfte Zahl der Seitenschuppen auf der Scheibe; welche nicht nur von Wallbaum an den beyden von ihm beschriebenen Thieren bemerkt, sondern auch in den Abbildungen von Brown, Mayer und der Encyklopädie, a. a. O., deutlich genug angezeichnet, und von mir in sehr vielen Exemplaren von allerley Alter wahrgenommen worden ist.

3) Die Vertiefungen zwischen den Rippen an den Seiten der Scheibe. Etwas ähnliches findet sich zwar auch an einigen andern Arten von Schildkröten, z. B. an Thunbergs Japonischer, an der chagrinirten des Cepede, Taf. XI. und an vollgewachsenen Exemplaren der Schlangen-Schildkröte; es treten aber bey diesen genannten zugleich auch andere unterscheidende Merkmale ein. An ganz jungen Caret-Schildkröten sind zwar diese Vorragungen der Rippen, wegen ihrer Kleinheit, etwas weniger bemerklich; sie entdecken sich aber doch leicht, wenn man genau zusiehet. Es benimmt daher der Wahrheit dieser Angabe nichts, daß weder an der Brownischen, oben angezogenen Figur, noch auch an der Abbildung einer jungen Caret-Schildkröte, auf der folgenden 17ten Tafel dieses Werkes jene Vertiefungen ausgedrückt sind.

Wenn es aber doch noch bezweifelt werden möchte, ob auch unsere aus dem mittelländischen Meere gekommene Caret-Schildkröte wirklich von einerley Art mit der westindischen Caret-Schildkröte oder der sogenannten Caouanne seye, so gebe ich folgende Punkte zu erwägen:

1) Die von Wallbaum beschriebene Caret-Schildkröten sollen, nach seiner eigenen Anzeige, von St. Croix, oder einer andern Insel in Westindien, über Kopenhagen ihm zugekommen seyn; seine davon genommene Beschreibungen passen aber auf unsere aus der mittelländischen See fast wörtlich.

2) Pennant in den philos. Abh. LXI. S. 266. sagt: es giebt zweyerley Schildkröten im mittelländischen Meere, die eine ist das Lederschild, die andere gleicht derjenigen westindischen Schildkröte, welche kaum eßbar ist. Eine von der lezten Art des mittelländischen Meeres ist ihm von Livorno zugekommen, und Pennant zweifelte, ob sie auch wirklich eine, von der ihr ähnlichen

chen westindischen Schildkröte, verschiedne Art sey. Dieser Zweifel scheint sich aber fast zu heben, durch

3) Catesby's Beobachtung, nach welcher seine Caouanna, oder unsere Caret-Schildkröte den ganzen Ocean durchschweifet, und er selbst eine auf dem halben Wege zwischen den Azorischen und Bahamischen Inseln fangen gesehen.

Tab. XVII.

TESTUDO IMBRICATA. *Linn.*

TESTUDO MYDAS. *Linn.*

TESTUDO CARETTA. *Linn.*

Schieferartige Schildkröte.
Mydas-Schildkröte.
Caret-Schildkröte.

Auf vorliegender Tafel werden die Abbildungen dreyer Meer-Schildkröten zugleich dargestellet; sie sind sämmtlich nach der Natur, und sehr genau gezeichnet; zwar nach jungen Thieren, die aber doch vollkommen zureichend sind, um den charakteristischen Unterschied bemerklich zu machen, welcher zwischen diesen Arten bestehet, und bis jezt noch nicht deutlich genug aus einander gesezt war. Vorausgeschickte kurze Beschreibungen dieser drey Arten, und Aufzählung der wichtigern Abstände, wie sie sich aus ihrer Gestalt, Struktur und Verhältniß der Theile ergeben, waren nothwendig, um einige weitere kritische Bemerkungen darauf zu gründen. Abbildungen und Beschreibungen erwachsener Exemplare derselben Arten sind eigends abzuhandeln.

Schieferartige Schildkröte. L.

Das Schild ist 20½ Linie lang; 14 Lin. breit; 6 Lin. vom Rande, 9 Lin. vom Brustbeine auf, hoch.

Die Gestalt ist oval, vorne etwas ausgebogen, in den Flanken bis zu den Füssen gekerbt, von da an sägeförmig gezähnt, und hinten spizwinklicht. Die Scheibe ist etwas erhaben, oder nicht so niedergedrückt, wie die der folgenden; sie ist ferner dreyfach convex, in der Mitte und an den Seiten (nemlich an dem jungen Thieren) abgebrochen gekielt. Der Kiel längs des Rückens ist stumpf, und nach dem Hinterrande einer jeden Schuppe etwas erhabener. Die Scheibe ist mit 13 Schuppen belegt, und durch ihre schieferartige oder ziegelförmige Lage (situ imbricato) sind sie von den folgenden Arten sehr ausgezeichnet, indem eine jede Schuppe mit ihrem hintern Rande auf und über den Vorderrand der nächstfolgenden Schuppen lieget; sie sind glatt, und nur vor dem Kiele her etwas runzlicht.

Die fünf Rückenschuppen sind ungleich, breiter als lang, nach beiden Seiten abschüssig, und sechseckicht; ihre vordern und hintern Winkel sind kürzer und stumpfer, die Seitenwinkel länger und spiziger; der hintere Rand ist nicht so geradelinicht, sondern etwas gebogener als die übrigen Randseiten.

Die mittelste Schuppe des Rückens ist sieben Linien, überquer, breit, und viertehalb Linien lang.

Die Seiten der Scheibe haben acht Schuppen, von ungleicher Gestalt und Grösse; sie sind breiter als lang.

Der Rand ist abschüssiger, schmäler, stumpfer; und mit 25 (am gewöhnlichsten; denn zuweilen ist eine zufällige Mehrheit da) Schuppen beleget, welche gleichfalls schieferartig gelagert und etwas stumpf sind; um den Hals und die Arme sind sie länglicht, weiterhin werden sie viereckicht und platter, bis auf die lezte, welche ganz (nicht eingekerbt) und gekielt ist.

Das ovale Bauchschild ist 15 Linien lang, 11 Lin. breit, folglich kürzer und schmäler als der Oberschild, in der Mitte platt und zweykantig, vorne und hinten zugerundet, an beiden Seiten mit Flügelansäzen versehen, zur Verbindung mit dem

Ober-

Oberschilde; es hat einen lederartigen Ueberzug, dessen Oberfläche in 13 ungleiche Felder abgetheilt ist; diese Felder scheinen auch schieferartig gefüget zu seyn?

Der Kopf ist 9 Lin. lang, 6 Lin. hoch und breit, eyförmig, oben und an den Seiten convex; nach der Stirne abschüssig. Er ist mit mehreren rundlichten, vieleckichten, ungleichen Schuppen belegt; deren größte den Wirbel deckt. Der Schnabel ist etwas konisch, zusammengedrückt, und an dieser Art etwas vorragender, als an den folgenden; seine vordere Kante ist stumpf, aber gerade aufsteigend, und endiget sich in eine kleine, über den Mund vorragende Spize. Der Hals ist kurz und runzlicht.

Die vier flossenartigen Füsse haben eine horizontale Stellung, sind mit weicher schuppichter Haut bedeckt, die vordern länger (fast halb so lang als der Schild) und lanzettenförmig; die hintern um die Hälfte kürzer, breiter, und spatelförmig. An jedem Fuß sind zwey Krallen. Der Schwanz ist kürzer und stumpf.

Mydas = Schildkröte. L.

Schwarze Schildkröte, *Linn.* am. acad. I. 284. Großfüssige Schildkröte, Wallbaum S. 112.

Das Schild ist 25 Lin. lang; 19½ Lin. breit, 3 Lin. vom Rande, 9 Lin. vom Brustbein auf, hoch.

Die Gestalt ist eyförmig, vorne mässig ausgeschweift und hoch bogicht; von den Seiten bis ans Ende seicht, sägeförmig gezähnt, hinten spizwinklicht und ausgekerbt.

Die Scheibe ist niedrig convex, durchaus und gleich gekielt; (ganz kleine Thiere haben zuweilen auch etwas kielförmig gebrochene Seiten; wahrscheinlich von der gebogenen Lage des Schildes im Ey?)

Die Scheibe hat 13 zart gegrübelte Schuppen; ihre Ränder fügen sich dicht an einander, (nicht schieferartig überliegend.) Die fünf Rückenschuppen sind ungleich, breiter als lang, nach beiden Seiten abschüssig; sechseckicht mit geradelinichten Winkeln, (ihre Figur ist aus einem Viereck mit einem beiderseits angefügten Dreyeck zusammengesezt) mit Ausnahme der lezten, welche einem Quadranten mit abgestumpfter Spize ähnlicher ist.

Die mittelste Schuppe des Rückens ist 9 Linien breit, 4 Lin. lang. An den Seiten sind 8 ungleiche Schuppen. Die beiden mittlern jeder Seite, sind sich am ähnlichsten, und die grössesten, oben zugespizt, unten abgestumpft (gleichen einem Viereck mit angefügten Dreyeck); sie haben eine ganz kleine kielförmige Erhabenheit in der Ecke am hintern Rande.

Der Rand ist horizontal, breiter und schärfer als an der vorigen; mit 25 Schuppen belegt, (doch zuweilen auch einige mehr,) welche klein, scharf, viereckicht, platt und unter sich ziemlich gleich sind, die vorderste ausgenommen, welche schmäler und überquer länger ist.

Das Bauchschild ist 21 Lin. lang, 13 Lin. mit Ausschluß der Flügel breit, übrigens wie an der vorigen beschaffen.

Der Kopf 10 Lin. lang, 7 Lin. hoch und breit; übrigens wenig von der vorigen verschieden; die Spize des Schnabels ist etwas kürzer.

Die Füsse wie bey der vorigen, ausser daß sie im Verhältniß zum Körper etwas grösser, als bey den andern, scheinen, weswegen Wallbaum sie die grossfüssige nannte. An jedem Fusse sind zwo Krallen; die eine des Hinterfusses ist eyförmig und stumpfer. Der Schwanz ist spiziger als an der vorigen.

Die eigenthümliche Farbe des Schildes und der Gliedmassen ist ein tiefes Grün, welches aber im Weingeist schwarz wird, und daher erklärt sich der Linneische, oben angeführte Name.

Caret = Schildkröte.

Das Schild ist 22 Lin. lang, 19 Lin. breit, 6 Lin. vom Rande, 10 Lin. vom Brustbein auf, hoch.

Die Gestalt eyförmig fast herzförmig, vorne stärker ausgeschweift; von den Seiten bis ans Ende gesäget; hinten spiz ausgehend und ausgekerbt.

Die

Caret-Schildkröte.

Die Scheibe ist convex, gekielt; (dreyfach, an jüngern Thieren). Die Scheibe hat 15 glatte, mit den Rändern anstoßende Schuppen. Die fünf Rückenschuppen sind ungleich, breiter als lang, abschüssig, sechseckig, mit geradelinichten, aber stumpfen und kürzern Winkeln.

Die mittelste Rückenschuppe ist 6½ Lin. breit, 4½ Lin. lang.

Der Kiel ist unterbrochen, an jeder Schuppe nach hinten etwas erhabener und knotichter. An den Seiten sind 10 Schuppen (fünf an jeder), welche ungleich, breiter als lang sind; die 3te und 4te sind sich am ähnlichsten; sie sind etwas weniger gekielt, auch die erste und kleinste.

Zwischen diesem Kiele der Seiten und dem Rande des Schildes sind dieselben Vorragungen der Rippen bemerklich, welche bey der vorhergehenden Tafel angezeigt worden; man fühlt sie deutlich, indem man den Finger ganz sanft über jene Gegend hin bewegt, und auch dem Auge erscheinen sie unter gewisser Stellung und Richtung der Schale; diese an dem kleinen Thiere noch nicht harte Vorragungen konnten darum im Gemälde nicht ausgedrückt werden; es entdeckt aber weder der Finger, noch das Auge, etwas ähnliches an den vorigen.

Der Rand ist vorne abschüssig, hinten mehr horizontal, und nicht so scharf, wie an der Mydas; er ist (an diesem jungen Exemplar) mit 27? Schuppen belegt; die vordern sind länglich, die hintern viereckicht und platt.

Das Bauchschild ist schmäler und viel kürzer als der Oberschild, geflügelt, uneben, zweykielicht, vorne und hinten zugerundet; der lederartige Ueberzug ist gelblich, und hat 14 Abtheilungen.

Der Kopf ist 9 Lin. lang, 6 Lin. ungefähr hoch und breit; übrigens aber, auch der Schnabel und dessen Spitze, der vorigen meist ähnlich; so auch die Füsse, deren jeder nur mit einer Kralle bewaffnet ist.

Der Schwanz ist konisch, und erreicht kaum den Rand des Oberschildes.

Nur vier mit floſſenartigen Füſſen verſehene, oder Meer-Schildkröten, hat Linné in der 12ten Ausgabe ſeines Naturſyſtems aufgeführet; daß es aber auſſer dieſen noch einige mehrere Arten geben möge, iſt nicht blos wahrſcheinlich, ſondern gewiß, obgleich über ihre wahre Anzahl und richtige Unterſcheidungszeichen zur Zeit noch nichts zuverläſſiges beſtimmt iſt, noch beſtimmt werden kann. Auch wird die Fortſezung dieſes Werkes, auſſer der Japoniſchen Schildkröte des Herrn Thunbergs, noch eine oder die andere neue Art von Meer-Schildkröten bekannt machen.

Die im Linneiſchen Verzeichniſſe oben anſtehende, das Lederſchild, (T. coriacea) wird hier nicht berühret, weil ihre mit einer lockern Haut bezogene Schale eine Verwechslung mit andern Arten kaum beſorgen läßt; und nur von den drey übrigen, gemeinen, bey Linné und in den meiſten Schriften erwähnten, aber nicht kennbar und deutlich genug auseinander geſezten Meer-Schildkröten ſoll hier die Rede ſeyn: von jenen nehmlich, deren Namen oben vorgeſezt ſind. Ihre Geſchichte iſt mit ſo vielen Schwierigkeiten und Zweifeln belaſtet, daß es ſchwer hält, die ſie betreffenden ältern und neuern Berichte zu enträthſeln und zu einigen, wenn man nicht, ohne durch Auktoritäten und Citaten ſich irren zu laſſen, die Natur ſelbſt genau befraget und fleiſſig vergleichet. Dieſe Vergleichung zu erleichtern und unter einem Blick zu bringen, war es nothwendig und vortheilhaft, die Abbildungen der drey Schildkröten, wovon die Rede iſt, neben einander auf einer Tafel vorzulegen. Obgleich Linné die Exiſtenz dieſer drey fraglichen Meer-Schildkröten kannte, ſchien er doch über ihre ſichere und klare Unterſcheidungszeichen verlegen zu ſeyn, und ſchwankte zwiſchen trüglichen Namen und Citaten der Schriftſteller.

Dreyerley See-Schildkröten nehmlich werden gemeinhin als die Bekannteſten in Reiſebeſchreibungen und andern Werken oft genug aufgeführt, und meiſtens, hauptſächlich in Rückſicht ihrer verſchiedenen Nuzanwendung, ſo charakteriſirt, daß die erſte das zu Kunſtſachen taugliche Schildpadd liefere, die zweyte ſich durch ihr ſchmackhaftes und eßbares Fleiſch empfehle, die dritte aber weder gutes Fleiſch noch eine nuzbare Schale habe.

Linné hat demnach bey der Beſchreibung der ſchieferartigen Schildkröte, (T. imbricatae) im Syſtem die Note beygeſezt: „Von dieſer wird das Schildpadd der Künſtler genommen,‟ und durch dieſen Beyſaz hat er beſtimmt genug angedeutet, welche Art er unter jenem Namen verſtanden wiſſen wollte. Auch hat er nach Anleitung Gronov. zoophyl. 72. ihre Kennzeichen deutlich gemacht; denn von der Uebereinkunft der Gronoviſchen Beſchreibung mit der Natur belehrte mich ihre Ver-

gleichung

gleichung mit der jungen auf der 16ten Tafel vorgestellten schieferartigen Schildkröte; und ich bin daher auch geneigt zu glauben, daß die von Gronov angezogene Stelle: du Tertre Antill. Tom. 2. p. 229. welche ich nicht nachschlagen kan, passend sey. Aber zweifeln muß ich dagegen, ob die Stelle bey Raj. quadrup. 258. hieher anwendbar sey, indem sie keine deutliche Kennzeichen enthält, und 15 Felder der Scheibe (von welcher Zahl nachher mehreres) angegeben sind, obschon Ray eben daselbst saget, daß die Schale der dort erwähnten Schildkröte nuzbar sey; aber er ist nicht Selbstzeuge, sondern beruft sich auf Rochefort, und scheint die Eigenheiten zweyer verschiedener Arten vermengt zu haben.

Die schuppichte Schildkröte (T. squamata) aus Bontius Jav. 82. passet keinesweges zur schieferartigen, und muß als ein zu einer ganz andern Klasse gehöriges Thier, ganz aus dem Verzeichnisse der Schildkröten getilgt werden.

Es scheint aber, daß Linné seine schieferartige Schildkröte nur dem Namen nach, nicht aber von Ansehen gekannt habe, denn sonst würde es ihm kaum begegnet seyn, die Sebaische Abbildung, Tab. 80. fig. 9., welche seinen von der schieferartigen Schildkröte aufgestellten Kennzeichen eben so recht, als der Natur selbst, entspricht, nicht auf sie, sondern auf seine Caretta anzuwenden. Zu einem ähnlichen Irrthum mißleitete ihn auch die Aehnlichkeit der Namen, daß er die in Catesby Car. 2. tab. 39. fig. 39. mit T. Caretta Rochefort. überschriebene Schildkröte, und von welcher Catesby mit dürren Worten in der Beschreibung saget: „ihre Scha„le wird der Brauchbarkeit zu mancherley Kunstsachen wegen im Werth gehalten," doch von derjenigen seiner Arten trennte, welche er durch die nehmliche Anmerkung von den übrigen auszeichnete. Gleiches Schicksal hatte aber auch die Schildkröte, welche unter der Aufschrift „a scaled Tortoise„ (eine schieferartige Schildkröte) und mit der Erklärung, daß ihre Schuppen, wie Ziegel auf dem Dache, geleget seyen, bey Grew, Mus. 38. tab. 3. f. 4. vorkommt; ihre Abbildung, ob sie gleich nicht die beste ist, kommt aber doch mit der Catesbyischen und Sebaischen Figur *) überein; und gleichwohl wurde sie auch nicht einmal zu dieser, sondern unter T. Mydas gesezet.

Ohne länger bey andern sich hieher beziehenden Verwicklungen von Namen und Zweifeln zu verweilen, welche Herr Schneider bey Gelegenheit seiner T. Cephalo erwähnt,

---

*) Auch mit der Figur, welche Borrowsky auf der 146. Tafel, nach einer Plumierischen Zeichnung, aber, wie Herr Schneider pag. 54. erinnert, ziemlich willkührlich, wiederholt hat.

erwähnt, und um nicht durch unnöthige Weitläufigkeit zu ermüden, erkläre ich nur kurz, wie aus allen Erwägungen hervorgehe, daß Linné mit dem Namen der schieferartigen Schildkröte keine andere konnte bezeichnen wollen, als die unter demselben Namen auf unserer Tafel vorgestellte.

Ich wende mich sogleich zur vierten Art nach der Ordnung des Linneischen Verzeichnisses, oder zur Caret-Schildkröte; (T. Caretta L.) weil eben diese am häufigsten und gewöhnlichsten mit der nur eben erwähnten schieferartigen verwechselt wird. Die erste genauer bestimmte Meldung von ihr findet sich bey Rochefort unter dem Namen Caouanne; ihm folgte hierinn Ray p. 257. welcher von ihr saget, sie habe gleiche Gestalt wie die Testudo Franca des Rochefort, aber eine dickere Schale, schwarzes Fleisch, von zäher Beschaffenheit und unangenehmem Geschmacke.

Die bey Catesby auf der 40. Tafel abgebildete Schildkröte führt die nur eben erwähnte Aufschrift: „T. marina Caouanna. Raj. Synops. quadr. 257.„ Und diese Catesbeyische Figur ziehet Brown in seiner Natural Hist. of Jam. p. 465. n. 3. auf seine Loggerhead Turtle, welche er deutlicher auf folgende Weise charakterisirt: „Der Kopf ist mittelmäßig, der Rachen geräumiger, der Schnabel „länger und stärker als bey den übrigen Arten. Die Bedeckung des Halses und „der Flossen runzlicht und warzicht. Der Rücken des Schildes ist höckerichter und „vorragender (puominentius) als an den andern Arten, denn eine jede der fünf „Schuppen längs des Rückens endigt sich hinterwärts in eine höckerichte Spize; sie „sind dick und schönfarbicht. Das Fleisch ist ranzigt. Diese Art ist in Jamaika „seltener, und scheint in den nördlichern Gegenden und dem westlichern Eylande „des Oceans ihre gewöhnlichere Heimath zu haben.„ Diese lezte Angabe, von ihrem Aufenthalt in mehr nördlichen Meeren, bestätiget eine Erfahrung des Catesby, welche er bey seiner Caouanne S. 40. erzählt. „Sie durchschwimmt den ganzen „Ocean; zum Beweis dessen kan, ausser andern mir bekannten Beyspielen, nur die „Erfahrung dienen, daß wir eine solche Schidkröte am 20sten April 1725 unterm „30. Grad nördlicher Breite fiengen, als sie schlafend auf der See trieb, und wir „zu dem Ende das Boot aussezten. Dies ereignete sich nach unserer Schäzung zwi„schen den Azorischen und Bahamischen Inseln; näher war uns wenigstens kein „Land, woher sie konnte gekommen seyn, oder wo gewöhnlicher Weise Schild„kröten sich zu enthalten pflegen; denn an der nordamerikanischen Küste werden „über das Cap von Florida hinauf keine angetroffen.„ Sie wagt also weite Reisen, und es scheint demnach nicht befremdend, daß die Caouanne auch ins mittel-
ländi-

ländische Meer übergegangen sey, wo man niemalen weder die Mydas, noch die Schieferartige gesehen hat.

Diese Brownische Schildkröte mit fünf höckerichten Rückenschuppen, nach Hist. Jam. p. 465. n. 3. ziehet Gronov in dem Mus. Ichthyol. Tom. II. n. 69. zu seiner unter dieser Nummer beschriebenen

Meer-Schildkröte, mit zwo spizigen Krallen an den Vorder- und Hinterfüssen,

und sagt in der Beschreibung: „Die Schuppen auf dem Rücken sind höckericht;" da er hingegen von der nächstvorhergehenden unter Nro. 68, zu welcher er Seb. 79. fig. 5. citirt, nur saget: „Der Rücken verliert sich in einen scharf-gewölbten (con-„vexo-acutam) Kiel." Diese nehmliche Schildkröte wiederholt Gronov nochmals in seinem, acht Jahre später erschienenen Zoophylacio, unter n. 71. als: Schildkröte mit floßartigen Füssen, doppelten scharfen Krallen, scharfem Schnabel, eyförmigem gesägtem Schilde und höckerichtem Rücken; und beziehet sich auf Mus. Ichthyolog. n. 69. Da er aber am leztern Ort schon fälschlich: Edw. tab. 206. anführte, so hat er nun noch irriger aus Grew. Mus. p. 38. tab. 3. die Abbildung der Schieferartigen Schildkröte hieher gezogen, als welche eben so wenig der Edwardischen Figur, als den Charakteren der Caouanne entspricht, so daß demnach Beziehungen auf drey ganz verschiedene Arten hier in derselben Stelle vermenget und zusammengeworfen sind.

Aus dieser Gronovischen Notiz hat endlich Linné die Unterscheidungs-Merkmale seiner vierten Meer-Schildkröte entlehnet, nur mit der Abänderung, daß er die Worte Gronovs: „Der Rand des Schildes ist dünne und sägeförmig-gezähnelt" abänderte, und dafür sezte: „Der eyförmige Schild ist scharf sägeförmig gezähnelt;"; des höckerichten Rückens nicht erwähnte, übrigens aber die Zahl der doppelten Krallen an den floßartigen Füssen beybehielt; und ihr den nicht bey Gronov angegebenen Namen der Carette beylegte; richtig sezte er die Gronovische und Brownische Synonymen, unrichtig aber Catesb. t. 39. und Sebae tab. 80. f. 9. darunter.

Aus diesen angeführten Umständen lässet sich demnach leicht folgern, daß Linné, nachdem er die Schildkröte, von welcher das Schildpadd der Künstler genommen wird, bereits als seine zweyte Art aufgeführt, und ihr den Beynamen Carette, aus Tertre und Ray, unterlegt hatte, er unter dieser seiner vierten Art, für welche er den specifischen Namen Carette erwählte, unstreitig eine andere und von jener zweyten verschiedene Art verstanden haben wollte, von welcher nehmlich das den Künstlern taugliche Schildpadd nicht komme.

Nun, da Gronov, dem in Bestimmung dieser Art Linné am eigentlichsten folgte, nichts deutlicheres und auszeichnenderes in seiner Beschreibung aufführet, als „den eyförmigen gezähnten Panzer, und den höckerichten Rücken"; so müssen diese specifische Kennzeichen nur auf die Schildkröte angewendet werden, auf welche sie vorzüglich passen, oder die ganze Art müßte aufgehoben werden. Es giebt aber keine unter den Meer-Schildkröten, auf welche die erst erwähnten Merkmale des Rochefort, Catesby, Brown und Gronovs anwendbar wären, als die auf der XV. Tafel vorgestellte unterste und mit dem Namen: Caretta, bezeichnete, welche aber auch von Schneider, Cepede und andern, aus ähnlichen Gründen, die bisher abgehandelte vierte Linneische Art zu seyn erachtet wurde. Widrigenfalls hätte müssen diese Linneische Art und Benennung, als auf schwachen Gründen ruhend, ganz aufgehoben und unter verändertem Namen neu aufgestellt werden, welches aber, damit nicht Namen ohne Noth vervielfältiget würden, füglicher unterlassen werden konnte.

Indem ich aber dieser von Linné selbst nicht deutlich genug bezeichneten Art nachspürte, und ihre auszeichnenden Merkmale aufzufinden mir angelegen seyn ließ, so ward ich auch bald gewahr, daß in den meisten Sammlungen Panzer von dieser Art ungleich häufiger vorkommen, als von den übrigen Meer-Schildkröten, und dieses wahrscheinlich aus der Ursache, weil sie auch in dem europäischen Meer und in der mittelländischen See zu Hause ist. Viele ihr zugehörige Panzer habe ich in Deutschland, und noch mehrere in Italien angetroffen; und die Ursache dieser grössern Frequenz lässet sich aus den nur eben gesezten begreifen. An allen aber, so viele mir entweder selbst unter die Hände kamen, oder durch Beschreibungen und Gemälde bekannt wurden, habe ich fünf Schuppen an jeder Seite der Scheibe bemerket; und dieses nicht etwa nur an kleinen, sondern eben so an erwachsenen, und den grösten Exemplaren, daß ich daher auch gar keine Bedenklichkeit fand, diese gefünfte Zahl der Seitenfelder als einen auszeichnenden Charakter dieser Art gelten zu lassen.

Ich will damit zwar nicht läugnen, daß nicht eine gleiche Anzahl zuweilen auch bey einer der andern Meer-Schildkröten-Arten gefunden werden könnte, wie zumal aus Catesb. 38ster Tafel zu folgen scheinet; aber doch glaube ich, daß es seltener, nur als zufällige Ausnahme, und keinesweges so beständig, vorkommen werde, als an

dieser

dieser Linneischen Carette. So viel ich auch von der Mydas-Schildkröte Panzer, oder auch lebendige Thiere, gesehen habe, (und ihrer gar viele sahe ich in den Bahamischen Inseln,) so bemerkte ich doch nie mehr als 13 Schuppen auf der Scheibe; und auch nur so viele zeigen die Figuren bey Seba tab. 80. fig. 4. 5. 6. Edward tab. 206. und Cepede tab. 1., noch erwähnen andere Beschreibungen mehrerer. Wie demnach mit dieser allgemeinen Bemerkung die Zahl von 15 Schuppen der Scheibe sich vereinigen lasse, welche die Catesbyische Abbildung der Grünen oder Mydas-Schildkröte auf seiner 38. Tafel beylegt; weiß ich nicht zu erklären, wenn nicht die Anmerkung des Cepede S. 58. gültig und wahr befunden werden sollte, daß die Mydas-Schildkröte nach Alter und Geschlecht zuweilen in der Zahl seiner Schuppen veränderlich sey. Ueberhaupt aber muß ich hier erinnern, daß diese von der Catesbyischen Figur entnommenen Zweifel um so weniger wichtig zu seyn scheinen, da auch dessen beyde andere Vorstellungen der Schieferartigen auf Taf. 39. und der Carette auf Taf. 40. keinesweges unter die guten gerechnet werden können, wie die eigene Einsicht jedermann überzeugen wird. Unterdessen ist eine volle und gewisse Entscheidung dieser Zweifel noch zu erwarten.

Alles dieses aber mußte vorangeschickt werden, um über die nächstfolgende Mydas-Schildkröte, oder die dritte des Linneischen Verzeichnisses deutlicher seyn zu können. Diese wird von ihm in der 12ten Ausgabe des Natursystems bestimmt, wie folget:

Schildkröten mit floßartigen Füßen, zwey Krallen an den vordern, eine an den hintern Füßen; und mit eyförmiger Schale.

Er bezeichnet sie noch genauer durch den Beysaz, daß „ihr Fleisch grünlich und eßbar", folglich sie die unter dem gewöhnlichen Namen der grünen Schildkröte verstandene sey. Unter diese Art zählet er denn folgende Synonymen auf:

Amoen. acad. I. pag. 138. n. 22. Schildkröte mit spizigen Krallen, zwey an den Vorder- eine an den Hinterfüßen.

Er beruft sich in jener Stelle auf Seba tab. 80. fig. 9. und Grew tab. 3. fig. 4.; beide diese Figuren aber gehören schon erwähntermaßen unstreitig zur Schieferartigen Schildkröte; wie ihre Uebereinkunft mit Knorrs tab. 51. und Cepede tab. 2. noch deutlicher beweiset. Das Nichtpassen dieser hieher gezogenen Figuren, zu dem in den Am. acad. p. 138. beschriebenen Schilde wird desto auffallender bemerklich, da am leztern Orte gesagt ist, daß die Scheibe des Gyllenborgischen Schildes mit 15 Feldern belegt sey, die darauf gezogenen Abbildungen des Seba und Grew hingegen nur 13 anzeigen, welche Abbildungen auch in dieser Anzahl sowohl, als in der übrigen Gestalt und Lage der Schale und der Schuppen, unter sich und mit der Knorrischen Abbildung auf Taf. LII. und der Cepedischen auf Taf. 2. vollkommen übereinkommen, daß sie keiner andern als der schieferartigen Schildkröte können zugerechnet werden. Es passet folglich dieses erste Citat gar nicht zur Mydas-Schildkröte.

„Schwarze Schildkröte, Mus. Ad. Frid. I. p. 50.„ wo folgende Nachweisungen stehen:

Schwarze Schildkröte mit einer spizigen Kralle, an den Hinter- und Vorderfüssen. Am. acad. I. 284. Sebae tab. 79. f. 5. 6. Grew scaly Tortoise shele tab. 3. f. 4.

Diese lezte aus den Amoen. acad. angezogene Stelle, ist die unter Nro. 7. im Museo Principis mit den vorigen Worten überschriebene Schildkröte, zu welcher dort nur allein die Sebaischen Abbildungen tab. 4. 5. 6. angeführt sind; in der weitern Beschreibung aber heißt es: „Die gewölbte und etwas gekielte Scheibe ist „mit 15 sechseckichten Schuppen bedeckt,„ welche Zahl doch weder in den Sebaischen noch Grewischen Abbildungen sichtbar sind, die demnach nicht hieher passen, zumal sie beide unter sich abweichend, und zu zwey andern, auch verschiedenen Arten, gehörig sind.

„Aldrovandi Quadrup. 712. t. 714.„ auch diese zur Mydas gezogene Figur gehört ohne allem Zweifel zur Caret-Schildkröte; denn von dieser erkennt man die ganze Gestalt, den schärfern Rückenkiel, die tiefern sägeförmigen Einschnitte am Hintertheil, und die nicht unwichtigen fünf Seiten-Schuppen der Scheibe deutlich und genau, obgleich die eigentliche Struktur und Oberflächen der Schuppen, und die wahre Beschaffenheit der übrigen Theile nicht gut ausgeführt ist. Auch ist es höchstwahrscheinlich, daß Aldrovandus, der zu Bologna lebte, des ihm nahen Meeres einheimische und gemeinere See-Schildkröte zum Vorbild seiner Darstellung werde genommen haben. Die Abbildung erreicht nicht die volle Aehnlichkeit dieses muthmaßlichen Vorbildes, hat aber doch noch ungleich wenigere Aehnlichkeit mit irgend einer der andern Geschlechts-Verwandten.

„Olearii Mus. 27. tab. 17. f. 1.„ Eine übelgerathene unvollständige Figur, in welcher jedoch, ausser den fünf Schuppen an den Seiten der Scheibe, und dem hinterwärts tiefer gesägten Rande, auch durch Stellung von Schatten und Licht ein leichter Kiel auf der Halbseite der Scheibe, und zwischen ihm und dem Rande einige Vorragungen der Rippen bemerklich sind, so daß auch diese Abbildung nach einer Carette, aber unglücklich genug, gemacht zu seyn angenommen werden darf. Der lange Schwanz paßt zu keiner Meer- und die floßartigen Füsse zu keiner der Fluß-Schildkröten.

„Ges-

„ *Gesner*. quadrup. 78. Testudo marina. „ Es kommen bey Geßner in der Hist. animal. Lib. IV. (edit. Tigur. 1558.) Abbildungen von dreyerley See-Schildkröten vor, welche auch in seinem Append. de Quadrup. ovip. und im Thierbuche wiederholt sind. Die erste in der Hist. animal. p. 1131. ist überschrieben: Testudo (marina prima) corticata Rondeletii, und stellet eine Meerschildkröte mit fast herzförmigem, an den Seiten und nach hinten scharfgesägtem Schilde vor, dessen Scheibe offenbar mit 15, obgleich krumm und verschoben gezeichneten Schuppen belegt ist, und dabey eine erhabene Schwiele längs der Seiten der Scheibe angedeutet hat. Die andere p. 134. heißt: Testudo (altera marina) coriacea Rondeletii; und stellet das zwar ebenfalls mißrathene, doch genugsam kenntliche Lederschild vor. — Die dritte pag. 1140. eine Meer-Schildkröte, die keiner der vorigen Rondeletischen gleichet, und wie Geßner berichtet, nach einem Ponetierischen Gemälde wiederholt ist, ist ein ganz willkührlich ausgeschmücktes und verstelltes Gemälde; auf der Scheibe des Schildes allein liegen 43 kleine viereckichte, in sechs Reihen vertheilte Schuppen. Das Original dazu ist wahrscheinlich nicht in der Natur. Geßners Nachrichten sind ganz aus Rondelet genommen; daher, und aus der mit der Caret-Schildkröte in den wichtigsten Punkten übereinkommenden Figur jener ersten Rondeletischen See-Schildkröte, erhellet zur Genüge, daß auch Geßners Citat nicht weiter zur Mydas passe, als was die dort aus ältern Schriftstellern gesammlete allgemeine Notizen von Meer-Schildkröten betrift; daher Herr Schneider schon bemerkte, daß Geßners Stellen auf alle Meer-Schildkröten passen.

Osbecks Reise, S. 293. des Originals, S. 383. der Uebersezung, Testudo Mydas, mit Verweisung auf Test. atra Musei Reg. p. 50. Osbeck beschreibt zwar nicht genau, doch kennbar genug, die grüne eßbare Schildkröte. Er erwähnt auf der Scheibe nur 13, und auf dem Rand 25 Schuppen.

β. *Seb. Mus. I. tab.* 80. *fig.* 9. Testudo marina americana Mydas dicta.

Die neunte Figur der 80sten Tafel ist überschrieben: Testudo marina americana; diese Figur gehört aber schon erwähntermaßen zur Schieferartigen Schildkröte, obgleich dieselbe bey Linné noch einmal zur vierten oder Caret-Schildkröte wiederholet ist. Das Beywort Mydas stehet nicht in der Sebaischen Ueberschrift bey der angezogenen 9ten Figur, sondern findet sich allein in der Ueberschrift der 1sten Figur der 80sten Tafel, nehmlich: Testudo, major terrestris, americana Mydas dicta, welche aber kolbichte mit Krallen bewafnete Füsse hat, und folglich eben so wenig hieher gehört.

Amoen. acad. I. p. 137. Testudo eadem.

Diese Stelle ist in Amphib. Gyllenborg. nro. 21. wo hinwiederum folgende Citate untergesezt sind: Testudo major terrestris americana Mydas dicta. Seb. Thes. I. p. 127. tab. 80. fig. 1. Jurucua Brasil. Marcgrav. Bras. 241. Raj. quadrup. 256.

Hier hat also Linné selbst unwahrsamer Weise eine Land-Schildkröte unter die See-Schildkröten gesezt; und dies mag zum Beweis dienen, daß seine Citate nicht mit äusserster Strenge gesichtet, und daher nicht unwiderruflich sind. Die Schaale übrigens, welche er unter Nro. 21. der Gyllenborgischen Amphibien beschreibt, hatte ebenfalls nur 13 Felder, wovon „die fünf nach der Mittellänge, fast sechs=„eckigte, glatte, und keine davon höckericht, auch nicht die lezte", angegeben sind; die Gestalt der Schaale war oval, mäßig convex, und unmerklich gekielt; der Rand ganz, und nicht sägeförmig; die Farbe braun oder bleyfarbig. mit schwarzen Flecken. Welche sämmtliche Angaben füglich auf die grüne Schildkröte passen, und diese Stelle folglich, mit Ausschluß des Sebaischen Citats, ihren Plaz behaupten kann.

In der nächstfolgenden Nummer 22. der nur erwähnten Dissertation von den Gyllenborgischen Amphibien, kommt wieder eine See-Schildkröte mit den Bestimmungszeichen der Mydas vor, und belegt mit den Citaten: Seba Taf. 80. Fig. 9. Grew 38. Fig. 4. Gesner S. 78. Aldrovand. Taf. 714. Olear. Taf. 17. Fig. 1. Also hier wieder dieselben Sebaischen und Grewischen Figuren, deren Abweichungen von den übrigen Figuren schon bemerkt worden ist; aber auch der dort beschriebene Panzer passet zu diesen beiden-erst genannten Figuren so wenig, als zu dem in der vorhergehenden Nummer beschriebenen Panzer, mit welchem er ihn in Vergleichung sezt.

„Die Schale ist eyförmig, und konvexer als die vorhergehende (Nro. 21.); „auf der Scheibe liegen 15 Schuppen, die mittlern sind sechseckicht, und die vorderste „ist die kleinste, die lezte aber nach hinten mehr höckericht; der gesägte Rand hat „27 kleine Schuppen." Diese Angaben bezeichnen die Carette, und zu ihnen passen dann auch die drey lezten Citate.

Margr. braf. 241. Jurucuia Brasiliensibus: kenne ich nicht. Von ihm aber scheint bey *Raj. quadr.* 256. der Name und die sehr allgemeine und kurze Beschreibung entlehnt zu seyn; welche aber, da sie acht auf der Schale bemerkliche Rippen erwähnt, ebenfalls zur Carette eher, als zur Mydas, gehört.

γ. *Amoen.*

γ. *Amoen. acad. I.* p. 284. n. 7. — „Schildkröte mit einzelnen spizigen Nägeln an den Vorder- und Hinterfüssen." Dies ist dieselbe schon oben unter α) angeführte Stelle, die Testudo atra, so wie auch

Muſ. Ad. Frid. I. p. 50. Testudo eadem, hier nur wiederholt ist.

Seb. muſ. I. tab. 79. f. 5. 6. — Ist unter den vorigen Citaten schon mehrmalen erwähnt, und stellet allerdings junge Mydas-Schildkröten dar. In der Anmerkung sezt Linné noch hinzu, daß die Varietät γ. nur jünger zu seyn scheine; und daß α) fast glatte, aber schwach und hohl-punktirte Schuppen habe.

Was läßt sich nun aus diesen durch einander geworfenen, sich wiederholenden, und selten passenden Haufen von Citaten entnehmen?

Alles wohl und gegeneinander erwogen, ergiebt sich: daß alleine die Beschreibung der T. atra, und die Sebaischen Figuren Tab. 79. fig. 4. 5. 6., die Osbecksche Stelle, und jene, aus den Gyllenborgischen Amphibien Nro. 21. als Belege für die Linneische Mydas-Schildkröte, oder die er darunter verstanden wissen wollte, gelten könne. Alle übrige gehören zu einer der beiden andern Arten. Mit jenen Beschreibungen und Abbildungen aber stimmen die von Linné nicht benüzte Edwardische, und die erst neuerlich von Cepede gegebenen Figuren der Mydas-Schildkröte, und diese wieder unter sich, vortreflich zusammen.

Eine Ursache der schwankenden Bestimmungen von See-Schildkröten, lag wohl darinn, daß Linné sein Unterscheidungszeichen zum Theil auf die Zahl der Nägel gründete; welche doch unbeständig, oder auch aus zufälligen Ursachen unzuverlässig werden kann. Dieses habe ich schon oben bey der Griechischen Schildkröte bemerkt; aber auch von der Mydas-Schildkröte hat es ein Recensent von Herrn Schneiders erstem Beytrage zur Naturgeschichte der Schildkröten [*] ebenfalls gesagt. Der Recensent, heißt es, kann nicht umhin zu bemerken, daß Herr Schneider in seiner Naturgeschichte der Schildkröten irre, wenn er Linné deswegen tadelt, daß er eine Varietät der Mydas-Schildkröte annehmen konnte, welche an allen Flossen nur eine einzige Kralle habe; bey der Vergleichung einer ansehnlichen Anzahl grüner Schildkröten, die der Recensent kürzlich anzustellen Gelegenheit hatte, fand er bey der übrigens ganz ähnlichen Bildung aller andern Theile des Körpers, Exemplare mit einem Nagel an jedem Fusse, mit zwey Nägeln an jedem Fusse, und mit zwey Nägeln

---

[*] Allgemeine Litt. Zeitung, Supplem. 1787. nro. 19. S. 148.

Nägeln an den Vorder- und einem an den Hinterfüssen; zu einem hinlänglichen Beweise, daß die Anzahl derselben veränderlich sey, und daher von ihnen, wie Linné und alle andere mit Unrecht gethan haben, keine Kennzeichen dürfen hergenommen werden. Es fehlt ohnehin nicht an unterscheidenden Merkmalen der Schildkröten, wenn man nur den Kopf und die unveränderlichen Theile in der Bildung der Schilder zu Rathe ziehet. Jene unzuverläßige Zeichen habe ich mich denn auch, bey der Vergleichung der obigen drey See-Schildkröten, zu umgehen bemühet, und, wie ich hoffe, zum Vortheil ihrer deutlichen Auseinandersezung, auf Gestalt, Lage und Verhältnisse der Schilder und Schuppen vorzügliches Augenmerk genommen. Wer künftig Gelegenheit haben wird, mehrere Individuen jener Arten, todte oder lebendige, zu beobachten und zu vergleichen, wird um so leichter die noch übrigen Zweifel lösen können.

Tab. XVIII. A. und B.

TESTUDO IMBRICATA.

Testa elliptica, subcarinata, serrata, scutellis disci imbricatim laxe incumbentibus.

T. pedibus pinniformibus, testa cordata subcarinata serrata: scutellis imbricatis, cauda squamata. *Linn.* Syst. Nat. XII. 1. p. 350. n. 2. Exclusis Bontii et Raj. synonymis. Habitat in Mari Americano et Asiatico. „*Lamellae artificum ex hac desumuntur.*„

T. pedibus pinniformibus, testa cordata, subcarinata, margine serrato, scutellis imbricatis, latiusculis. *Gron.* Zooph. p. 16. n. 72.

T. imbricata, testa scutis laxe atque imbricatim incumbentibus, unguibus palmarum plantarumque quaternis? *Schneid.* Schildkr. nro. III. p. 309. — *Id.* Leipz. Magaz. z. Naturk. 1786. 3. p. 258.

T. Caretta, squamis disci imbricatis. *Cepede* Tab. II. p. 105.

T. Caretta, ped. pinnif. testa cordata, margine serrata, scutellis imbricatis, unguibus palm. plantarumque quatuor. *Bonaterre* nro. 6. — Tab. IV. fig. 1. Figura *Ceped.*

Ejusd. Auctoris Tab. I. fig. 1. ex Gottwaldi libro mutuata, partes T. Carettae *Linn.* nec T. imbricatae L. exhibet.

A sca-

Schieferartige Schildkröte.

A scaly Tortoise Shell. *Grew.* Muf. p. 38. tab. 3. a)
T. marina americana. *Seba* I. p. 130. Tab. LXXX. f. 9.
T. imbricata. *Wallbaum.* Chelonogr. p. 46. et 110.
T. Caretta. *Knorrii* Delic. nat. Tab. L. Figura haud inepta, sed erronee ad T. Carettam L. relata.
Caret. *Tertre* Antill. 2. p. 229. n. 24.
Hawksbill Turtle. *Brown.* Jam. p. 465. nro. 1.
T. Caretta. *Rochef.* s. Testudo accipiter. *Catesby.* Tab. XXXIX.
Caret. *Labat* Voyages aux Isles de l'Amerique Tom. I. p. 182. et 311. et Verſion. germanicae Schadii, Tom. II. p. 356.
Karet-Schildkröte. *Schedels* Waaren-Lexic. 2ter Theil 1791. p. 482.
Habicht-Schnabel. Schuppenschild.

Schieferartige Schildkröte.

Elliptisches und sägeförmig gezähntes Schild, der Rücken gekielt, die Schuppen liegen mit ihrem Hinterrande auf dem Vorderrande jeder nächstfolgenden.

Der Schild ist elliptisch; nach dem Kopf hin etwas vorgezogen und über den Hals und den beiden Vorderfüssen mässig ausgeschweift; nach hinten zu verengert er sich und läuft spizig zu; der Rand ist an den Seiten gekielt, weiter hin aber sägenartig gezähnet. Er ist zwar niedergedrückt, aber doch etwas höher als der Kopf, gegen den Rücken erhaben und gekielt.

Die Scheibe ist nach Verhältniß der Größe mehr oder weniger gewölbt *), und der Rücken leicht gekielt.

---

*) „Die Caret-Schildkröte ist niemals so groß als die Zahme (Mydas), ihr Schild hingegen viel runder (konvexer), daher sie sehr leicht sich wieder auf den Bauch werfen kann, nachdem sie rückwärts gelegt worden. Die Schale ist das Beste an ihnen; sie bestehet aus dreyzehn Blättern, welche zusammen gegen 5 Pfund wiegen mögen; das Pfund wird mehrentheils zu 80—90 Sous (nehmlich vor nunmehro 100 Jahren) verkauft." Labat a. a. O.

An jüngern Thieren erscheint die Scheibe stärker gewölbt, und fast dreyeckig, wie ein gebrochenes Dach; weil an ihnen auch die Seitenschuppen gebogen, und auf der hintern Hälfte einer jeden mit einer kielförmigen Erhöhung versehen sind, deren ganze Richtung in einer parallelen Krümmung bis nach dem hintern Rande des Schildes gehet.

Die Bekleidung bestehet aus eckigen nach hinten sich verschmälernden Schuppen; welche durchaus schieferartig über einander, oder mit den Rändern unter einander geschoben, liegen, aber nur so wenig, daß allein der hintere dünnere Rand einer jeden Schuppe über den vordern Rand der folgenden Schuppe tritt und sich darauf anschliesset; an den erwachsenen wird ihre Vereinigung etwas lockerer gefunden, als an jüngern.

Diese Schuppen sind an jungen Thieren dünne, zart und durchsichtig; bey vollgewachsenen aber dick und stark, an dem Vorderende und nach hinten dünner, so daß die Dicke von 2 oder 3 Linien etwa auf eine Linie und darunter abfällt; sie sind hornartig, durchsichtig, glatt, glänzend, und ihre Farben meist aus weißlich, rothbraun und schwarz, flammicht gemischt.

Auf der Scheibe liegen (nur) 13 *) Schuppen. Die fünf in der Mitte sind ungleich, breiter als lang, nach beiden Seiten abschüssig, mit einem glatten und nicht sehr scharfen Kiel; nach hinten sehr stumpfwinkelicht. —

Die erste und kleinste ist überzwerch rautenförmig.

Die zweyte, dritte und vierte sind einander ähnlich; haben im Ganzen ebenfalls die Gestalt einer nach hinten verlängerten Raute; sie sind, genau genommen, sechseckig; scheinen aber wegen des vordern, von der vorliegenden Schuppe überdeckten und abgestumpften, und wegen ihres hintern, meist auch ungleichen, oft spitzig zugerundeten Randes, ein Fünfeck vorzustellen, dessen beide spitzwinklichte Ecken nach den Seiten gekehrt sind.

Die

---

*) Diese Anzahl scheint mir die gewöhnlichere, naturgemäße zu seyn. So fand ich sie bey verschiedenen beobachteten Exemplaren in andern Cabinetten, so viel hat das Erlanger Exemplar, und ein kleines in meiner Sammlung; nur so viele geben die Beschreibungen von Gronov, Wallbaum, Cepede, und dem hier gewiß auch gültigen Labat, und verschiedene Waaren-Lexica, an, auch zeigen die Figuren von Grew, Seba, Knorr und Cepede nicht mehrere.

Schieferartige Schildkröte.

Die lezte ist meist länger und ihre erste Hälfte schmäler als die vierte; sie hat nur vier Ecken, weil ihre hintere Hälfte, in der Form eines ausgebreiteten Fächers, zugerundet ist.

Die acht Seitenschuppen sind in Ansehung der Länge des Rumpfes breiter als lang, verschoben fünfeckig, unten abgestumpft, oben spizig; an jungen Thieren findet sich, von der Mitte der Schuppe aus nach der hintern Ecke hin, eine kielförmige, überzwerche, nur schwache Erhöhung, die bey dem heranwachsenden Thiere immer unmerklicher wird.

Die hintern Ränder der Rücken- sowohl als Seitenschuppen sind sich selten ganz gleich; geradelinicht werden sie kaum angetroffen, sondern mehr oder weniger gerundet, wogicht, oder gar ausgefressen (crosi margines); so hatte sie unser abgebildetes Exemplar, und so stellet sie Cepede's Gemälde dar, auch Gronov bemerkt das nehmliche in seiner Beschreibung; Seba hingegen und Knorr, zeichnen nur zugerundete, wogichte Ränder.

Der Rand ist seinem Umfange nach, länglicht eyförmig, nach dem Kopfe hin etwas vorgezogen, flachbogig und ausgeschweift; steigt von da nach den Armen etwas schräg abwärts, gehet dann in einem flachen Bogen, der erst gekerbt, hernach sägenartig gezähnt ist, nach dem Hintertheil in einen spizigen Winkel zusammen. Er ist mit 25 ebenfalls schieferartig gelegten Schuppen bedeckt, wovon die vorderste überzwerch breiter oder linienförmig, die vier nächstfolgenden länglicht-viereckig, mit stumpfen Kanten, die weiter hinterwärts liegenden viereckig und flach, mit nach hinten gekehrter vorragender Spize, (daher nehmlich der sägenförmige Rand); die ganz lezten über dem Schwanze fügen sich mit einer kielförmigen Erhöhung zusammen.

Der Bauchschild ist kürzer als der Oberschild; der Vordertheil kürzer und zugerundet, der hintere länger und stumpf-spizig, das Mitteltheil platt und zweykielig. Es ist mit 12, ebenfalls schieferartig gelegten Schuppen, die breiter als lang, aber weich- und lederartig sind, bedeckt. Die beiden Flügelansäze haben vier ähnliche, viereckige Schuppen.

Der Kopf ist nach Verhältniß seiner Breite länger, und nach vorne zugespizter, oben zugerundeter, als an der Caouanne, oder der Linneischen Carette; auch ist der Hals länger gestreckt als der übrigen Arten, mit einer kahlen runzlichten Haut bedeckt.

Der Schnabel, welcher einem Falkenschnabel verglichen wird, raget unter der Nase keilförmig zugeschärft vor, und ist schräge abschüssig nach der Oeffnung des Mundes. Die Kiefer sind scharf und ganz.

Die Füsse sind floßartig; die vordern länger und schmäler; die hintern kürzer und runder; jeder Fuß meist nur mit einem, (zuweilen mit einem zweyten, weniger ins Gesicht fallenden) Nagel bewafnet.

Knorr hat seiner Abbildung vier Nägel an jedem Fuß angezeichnet — welches, auch nach ihrer Stellung, unwahrscheinlich ist.

Der Aufenthalt dieser Arten ist der Ocean unter wärmern Himmelsstrichen.

Von dieser Art, und nur von ihr allein *), wird das zu Kunstarbeiten taugliche Schildkrot, Schildpadd, oder Schildplatt, genommen. Die Blätter vom Schilde abzulösen, legt man Feuer darunter, welches sie sogleich in die Höhe treibt, und man ziehet solche hernach ganz leicht mit der Hand herunter.

Eine Schildkröte, deren Schale recht gut seyn soll, muß zum wenigsten 150 Pfund wiegen, es ist aber nicht ausserordentlich, einige von mehrern Centnern zu finden. Oft wieget das Schildpadd, was man von einer solchen Schale bekommt, 15 — 20 Pfund, gemeiniglich aber nur 5 — 6 Pfund. Das Beste muß dick, klar, durchsichtig, glänzend, von Antimonium-Farbe, bräunlich, schwärzlich und weiß jaspirt seyn. Es giebt auch welches, das schwarz und weiß gefleckt, und wieder anderes, das ganz weiß ist, man nennt dieses das blonde Schildkrot; es ist äusserst selten. Die größten und dicksten Stücke werden am theuersten bezahlt. Man muß sich hüten, keine zu kaufen, die von Würmern angefressen sind, welches geschiehet wenn sie zu lange unangerührt liegen. Das Schildkrot wird im kochendem Wasser weich, und in kupfernen Formen giebt man ihm beliebige Gestalten. Es wird weder gelötet oder geschmolzen, und es ist irrig, wenn verschiedenen Kunstsachen

---

*) „Die Schale der Caret-Schildkröte giebt gemeiniglich 13 Platten oder Blätter, nehmlich 8 platte oder ebene und 5 etwas gewölbte. Unter den 8 sind 4 etwas große, die 1 Fuß hoch und etwa 7 Zoll breit seyn mögen." Schedels Waaren-Lexicon. „Die Schale der grünen Schildkröte wird nicht gebraucht, sie ist zu dünne, und kann blos zu Laternen angewendet werden." Die Padden der Caivava (wird heissen sollen: Caouanne) sind auch nur dünne, und werden deswegen nicht geachtet." A. a. O. und Labat a. a. O.

Schieferartige Schildkröte.

sachen von geschmolzenem oder gegossenem Schildkrot gemacht worden zu seyn, geglaubt werden. Es ist nichts weiter, als geraspeltes Schildkrot, das gepreßt worden ist, und sich durch die Wärme zusammengesezt, oder aneinander gefügt hat. Dieses Schildpadd heißt in den Seestädten Frankreichs Caret, im übrigen Lande aber Ecaille. Der Gebrauch des Schildpadds zu Zierrathen und Kunstsachen war schon den Alten bekannt; nach Plinius *) und andern. Ihnen wurde es aus den morgenländischen Meeren **) zugeführt, wo es auch noch jezt häufig gesammlet wird. So holen die Chinesen ihr Schildpadd von der Insel Sulu (Forrests Reise nach Neu-Guinea). Die Holländer sammlen es auf der Insel Timor, auf Banjermassing (Batav. Genootschap. Verhandel. 1. Deel.)

Nach Europa wird gegenwärtig das meiste aus den westindischen Eylanden und aus dem wärmern Amerika überhaupt gebracht, und man schäzet daß nach Marseille allein jährlich gegen 1000 Pfund eingeführt werden. —

Das Fleisch der Schieferartigen Schildkröte ist, nach Labats und Anderer Berichten, zur Speise untauglich, nicht weil es magerer oder unverdaulicher wäre, als das von der grünen Schildkröte, sondern wegen seiner purgirenden Eigenschaft ***); ja man wird von seinem Genusse bey der mindesten Unreinigkeit des Körpers unfehlbar mit Geschwüren bedeckt. Diejenigen, welche nach der Schildkrot-Insel oder den andern Inseln auf ihren Fang ausgehen, leben 3—4 Monat blos davon, ohne Brod, Cassawa, oder etwas anders zu geniessen. Sie dürfen aber versichert seyn, dadurch von allen Krankheiten ihres Körpers, wie solche auch immer Namen haben mögen, sogar die venerischen nicht ausgenommen, völlig geheilet zu werden. Diese Speise bringt ihnen sogleich einen Durchfall zuwege, der sie vortreflich ausreiniget. Man vermehret oder schwächet ihn, je nachdem der Kranke bey Kräften ist oder nicht, indem man ihn mehr oder weniger mit dem Fleisch der zahmen oder der grünen Schildkröte vermengt, geniessen läßt, u. s. w. Diese Nachrichten belegt Labat mit der Geschichte eines seiner Collegen, Pater Mondidier's, welcher gegen

---

*) Hist. natur. l. 9. c. 11. u. l. 16. c. 43.

**) Dahin rechnet Bruce in seiner Abyßinischen Reise, die von ihm im rothen Meere gefundene Schildkröte. Seine Figur aber, V. B. Pl. 43., ob er sie gleich als vortreflich rühmet, erlaubt nicht, sie zur Schieferartigen Schildkröte zu zählen; und ob ihre Schale von den Römern benüzt worden, wie Bruce vorgiebt, ist eine andere Frage.

***) Hieher gehört demnach wohl auch die Testudo purgans. *Labat* Voyage en Guinée. T. 3. p. 323.

seine Warnungen ungleubig, sich das Brustück einer Schieferartigen Schildkröte zurichten ließ, es verzehrte, und heftig darnach purgirte. Das eingesalzene Fleisch purgirt nicht mehr so stark.

Tab. XIX.

TESTUDO FEROX. *Pennant.*

Testa cartilaginea ovata, pedum unguibus tribus, naribus tubulatis prominentibus. *Pennant.* Act. angl. Vol. LXI. p. I. n. 32. pag. 266. tab. X. fig. 1 — 3.

- T. ferox. *Schneider.* Schildkr. nro. 6. pag. 330. — *Linn.* Syst. nat. ed. *Gmel.* nro. 20. pag. 1039.
- T. mollis, testa superiore plicatili, absque scutellis. *Cepede* pag. 136. — Descriptio Pennanti, non autem figura.
- T. mollis, digitis membrana vnitis, testa monophylla, in medio ossea, margine cartilaginea, scabra, naribus tubulosis. *Bonaterre* Erpetolog. n. 15. Descriptio et figura (Tab. V. fig. 2.) a Cepede mutuata.

Weichschalige Schildkröte des Pennant.

Oberschild ist knorpelicht und von eyförmiger Figur; Füsse mit drey Krallen; Naslöcher rüsselförmig vorragend.

Die hier abgebildete Schildkröte wurde von Dr. Garden aus Süd-Carolina nach England an Herrn Pennant überschickt, und durch ihn zuerst und alleine bekannt gemacht. Sämmtliche spätere oben angeführte Schriftsteller, haben Abbildung und Beschreibung aus dieser Quelle entlehnet. Unsere Tafel ist ebenfalls nur eine getreue Copey der Pennantischen; so wie ich ebenfalls nur seine vollständige

dige und genaue Beschreibung (wie sie anders von einem so bewährten Naturforscher nicht erwartet werden mag) dem Leser buchstäblich wiederhole. Mit desto mehr Recht und Vertrauen geschiehet dieses, da alle Bemühungen und Hoffnungen, ein Exemplar dieser Schildkröte unmittelbar aus jenen Gegenden zu überkommen, fehlschlugen, und ich also zur Berichtigung oder Vervollkommnung der Geschichte dieses Thieres nichts beytragen kan.

Von einem Ende zum andern war der Panzer des beschriebenen Thieres 20 Zoll lang und 14½ breit. Die Farbe desselben war schwarzbraun, mit einem grünlichten Blicke (cast), des Bauchschildes aber weislicht.

Der mittlere Theil des Panzers ist hart, stark und knochicht; an den Seiten aber nach dem ganzen Umfange, und vorzüglich hinten nach dem Schwanze zu, ist er knorplicht, weich und biegsam, gleich dickem Sohlenleder, und lässet sich leicht nach jeder Richtung biegen, aber doch stark und dick genug, um das Thier gegen Beschädigung zu schützen.

Der hintere Theil des Rückens ist eben so wie der vordere nach dem Halse zu, dichte mit starken länglichten glatten Knöpfen oder Knoten besezet.

Die untere Seite oder das Bauchschild ist von einer schönen weislichten Farbe, mit unzähligen Blutgefäßen durchschlängelt; der vordere Theil ist knorplicht und biegsam und erstreckt sich vorwärts 2 bis 3 Zoll weiter als der Oberschild, so daß der Kopf ganz bequem darauf ruhet; der hintere Theil ist hart und knochig, und recht wie ein männlicher Reitsattel gestaltet.

Der Kopf ist etwas dreyeckig und nach vorne schmal zulaufend, wird aber gegen den Hals hin breiter; im Ganzen, und verhältnißmäßig zur übrigen Größe des Thieres, ist er klein.

Der Hals ist dick und lang, und kann leicht auf eine grosse Länge vorgestreckt, oder auch bis unter das Schild eingezogen werden; an dem abgebildeten Exemplar war der Hals 13½ Zoll, (also mehr als die Hälfte des Schildes,) lang.

Die Augen, welche im Verhältniß sehr klein zu seyn scheinen, stehen an dem vordern und obern Theile des Kopfes nahe beysammen, und haben breite schlaffe Augenlieder. Der Stern ist schmal und lebhaft, mit einer limonenfarbigen runden

Iris

Iris umgeben, die dem Auge viel Leben und Feuer giebt. Wenn sie Gefahr fürchtet, oder dem Schlafe sich überläßt, so zieht sie den innern und schlaffern Theil des untern Augenliedes wie eine Blinzhaut zur Bedeckung über das Auge. Die Ober- und Unterlippe sind breit, doch jene mehr als diese. Beide Kiefer bestehen jeder aus einem, dem Munde gleichförmigen, Knochen. Die Nase ist der sonderbarste Theil an dem Thiere, denn sie wird durch einen knorplichten Rüssel gebildet, der sich wenigstens ¾ Zoll lang über die Spitze des obern Kiefers erstrecket; die Nasenlöcher öffnen sich hinterwärts in dem Gaumen, sind aber durch eine glatte, und an beiden Seiten gefranzte (fimbriated) Scheidewand abgesondert. Diese Nase gleicht einigermassen dem Rüssel des Maulwurfs, aber sie ist knorplicht, weich, dünn und durchsichtig und also gar nicht zum Wühlen in der Erde gebildet.

Die Arme sind dick und stark, und bestehen aus drey deutlichen Gliedern, nehmlich dem Oberarm, Vorderarm und der Hand. Die Hände haben jede fünf Finger, wovon die drey ersten kürzer und stärker, auch mit starken Klauen versehen sind. Die zwey lezten haben mehr Glieder, sind aber kleiner, und ohne Klauen, hingegen mit der Schwimmhaut bis über ihre Enden hinaus bedeckt und verbunden. Hiezu kommen noch, gegen den hintern Theil der Hand, zwey falsche Finger, welche die ausgespannte Schwimmhaut unterstützen helfen. Die obere Seite dieser Aerme und Hände ist mit einer losen faltigen Haut bedeckt, von dunkelgrünlichter Farbe. Die Hinterfüsse und Pfoten haben die nehmliche Anzahl von Gliedern, Fingern und Klauen; aber nur einen falschen Finger. Sowohl die hintern als vordern Füsse, sind dick, stark und muskulös. Das Thier ist wild und bissig; und wenn es nach Laub schnappet, oder sonst zum Zorn gereizt wird, sezt es sich auf die Hinterfüsse, um mit desto grösserer Gewalt vorwärts springen und seinen Feind anfallen zu können. Diese Hinterfüsse haben eine weislichte lebhafte Farbe, indem sie unter dem Oberschild, welches sich weit hinterwärts verbreitet, fast immer bedeckt sind.

Der Schwanz ist dick und breit, und gemeiniglich so lang als der Hintertheil des Oberschildes. Der After liegt ungefähr einen Zoll weit von der Schwanzspize nach innen entfernt.

Das Thier, nach welchem diese Beschreibung gemacht ist, war ein Weibchen. Noch in der Gefangenschaft legte es 15 Eyer, und ohngefähr die nehmliche Anzahl fand man nach ihrem Tode im Eyerstocke; sie waren kugelrund, und hatten einen Zoll im Durchschnitt.

Das Gewicht des beschriebenen Thieres war 25 Pfund, aber sie werden zuweilen bis zu 70 Pfund schwer gefunden. Ihr Fleisch ist wohlschmeckend, und wird von vielen noch dem der grünen Schildkröte vorgezogen.

Sie wohnt in den Flüssen der südlichen Provinzen von Nordamerika, besonders im Savannah und Alatamaha und andern Flüssen von Ost-Florida.

TESTVDO (FEROX?) VERRVCOSA. *Bartrami.*

Es giebt eine andere, der oben beschriebenen ungemein ähnliche Art, welche, da sie mit ihr in einerley Gegenden und Gewässern wohnet, an Gestalt und Beschaffenheit des Panzers und den meisten übrigen, auch wesentlichen Eigenschaften, bis auf ihre Sitten sogar der Pennantischen weichschaligen Schildkröte so sehr ähnelt, daß allerdings ihre nächste Verwandschaft zur vorigen nicht zu verkennen ist, wo nicht gar, was sehr glaublich scheinet, sie vielleicht zu derselben Art gehöret, und nur eine, durch unbekannte Ursachen bestehende, merkwürdige Spielart ist. Dieser Vermuthung Bestätigung entweder, oder Berichtigung ihrer gewissern Unterscheidungsmerkmale von der erstern, stehet von aufmerksamern Naturforschern und Sammlern jener entlegenen Gegenden zu hoffen und zu wünschen. Unterdessen und bis jene Hoffnungen möchten erfüllet werden, wird eine vorläufige Beschreibung dieses Thieres hier nicht am unrechten Orte stehen, um zur Vergleichung des vorhergehenden zu dienen. Erst kürzlich hat sie, nebst der Abbildung des Thieres, Herr Wilhelm Bartram *) in seinen Reisen, S. 177. bekannt gemacht; dessen abgekürzte Nachrichten ich denn hier wiederhole; und mir es vorbehalte, die Copie seiner Figur, wenn es nöthig seyn sollte, und keine weitere Aufklärung darüber zu erhalten stünde, künftig noch nachzuholen.

,,Testudo naso cylindraceo elongato truncato.,,
,,The great softshelled Tortoise. *Will. Bartram* Trav. p. 177.,,

,,Der niedergedrückte, sehr flache (very thin) Körper, war zwey und einen halben
,,Fuß lang, anderthalb Fuß breit.,, (Das Exemplar wovon Bartram seine Beschrei-

*) *William Bartram's* Travels through North et South-Carolina &c. Philadelphia 1791. 8.

schreibung nahm, war demnach um 10 Zoll länger als das von Pennant beschriebene, welches bemerkt zu werden verdient.)

„Der Oberschild ist zu beiden Seiten weich und knorplig, mit Ausnahme der Wirbelbeine, oder des Rückgrades, welches keinesweges vorragend ist, und der Rippen; dieser weiche Theil wird durch Kochen leicht in eine Gallert verwandelt. Das vorderste und hinterste Ende des Schildes ist mit runden, hornigen Knobben besetzt.

„Das Bauchschild ist schmal und halbknorplicht, mit Ausnahme nehmlich der Mitte und des querübergehenden Stückes, wodurch es an das Oberschild befestiget wird; diese nehmlich sind hart und knochig.

„Der Kopf ist groß, dick und fast oval.

„Die verlängerte aber abgestumpfte Nase ist einem Schweinsrüssel nicht unähnlich, und am äussersten Ende von den Nasenlöchern durchbohret.

„Die Augen sind groß *), und liegen am Ende des Rüssels.

„Die obere Kinnlade ist gekrümmt und scharf.

„Die Lippen und Winkel des Mundes sind breit, dick, runzlich, und mit einem Bart von langen, zugespitzen Warzen **) versehen, welche das Thier nach Gefallen verlängern oder einziehen kann; und daher hat es ein fürchterliches und wildes Ansehen."

Von den übrigen Theilen sagt Bartram eben so wenig etwas, als von der Farbe des Panzers.

Die Abbildung der Füsse scheint in der Bartramschen Figur sehr nachlässig gemacht zu seyn; sie sind mit einer Schwimmhaut und alle mit fünf Fingern versehen, vorgestellt; die Finger reichen über jene Haut hinaus, und haben, nach der Zeichnung,

---

*) Und doch sind sie in der Figur gar nicht angedeutet.

**) In der Abbildung sind nicht blos die Mundwinkel, sondern auch das Kinn, die Drossel und der ganze Hals, mit solchen zopfigen Warzen besezt.

nung, alle Klauen, welches fast unwahrscheinlich ist. Es giebt auch kein günstiges Vorurtheil für die Wahrheit der Abbildung, daß die als grosse angegebenen Augen gar nicht angedeutet sind, und daß das Rückgrad, welches, nach dem Ausdruck der Beschreibung, nicht sichtbar vorragend seyn soll, doch in der Abbildung mit zehn Wirbelbeinen und eben so vielen Rippen, sehr vorstehend, vorgestellt sind. Aus diesem Umstande möchte ich fast vermuthen, daß Bartrams Figur nach einem getrockneten Exemplar gezeichnet worden sey; denn so läßt sichs begreifen, daß jene knöchernen und härtern Theile, welche bey dem noch lebenden Thier unter dem weichern und gleichen Ueberzuge bedeckt waren, nach dem dieser vertrocknete und verschrumpfte, anscheinend vorragender werden konnten.

Von der weitern Geschichte des Thieres berichtet Bartram: „daß es in „schlammichten Stellen der Flüsse und Sümpfe unter den Wurzeln und Laub der „Wasserpflanzen sich verberge, wenn es hungrig ist, und so aus dem Hinterhalt „seine sichere und unbesorgte Beute überfalle; es kann nehmlich seinen Hals auf „eine unglaubliche Länge vorstrecken, und so mit blitzähnlicher Geschwindigkeit sorglos „umherschwimmende Thiere, vorzüglich junge Wasservögel, anfallen und erschnappen; „denn diese Art ist fleischfressend, und verzehrt auch Frösche und kleine Fische. Zu„weilen erhebt es den Kopf über das Wasser, und giebt, indem es athmet und „bläset, einen schwachen zischenden Laut von sich. Sie wohnen in allen Flüssen, „Seen und Lachen des östlichen Florida, und werden 30—40 Pfund schwer. Ihr „Fleisch ist fett und wohlschmeckend, aber ungewohnten oder übermässig davon ge„niessenden Personen verursacht es einen leichten Durchfall."

Dieses von Bartram beschriebene Thier hat demnach mit dem von Pennant beschriebenen gemein: —

Gestalt und Bildung des Panzers; weiche Beschaffenheit desselben; die hornichten Knobben auf den Enden; die rüsselförmige Nase, Lebensart, Sitten und das Vaterland.

Ist dagegen unterschieden

1) durch die, in der Abbildung nur bemerkliche Vorragung des Rückgrades und der Rippen;

2) die, ebenfalls in der Abbildung, angezeigten mit fünf Fingern und eben so viel Krallen besezten Vorder- und Hinterfüsse;

3) vorzüglich aber durch die warzichten Zöpfe am Kinn und Hals.

Die weitere und berichtigende Vergleichung muß zur Zeit ausgesezt bleiben.

Tab. XX.

TESTUDO ROSTRATA. *Thunberg*.

Testa orbiculari ovata, monophylla, coriacea, carinata, rugis obliquis e punctis elevatis striata, scabra.

T. pedibus palmatis, testa integra, carinata, elevato-striata, scabra. *Thunberg* Nov. Act. acad. Suec. Vol. VIII. pag. 172. (Verf. germ.) Tab. VII. fig. 2. et 3.

T. *membranacea*, pedum unguiculis tribus, testa dorsali membranacea, ovata, grisea, striata. *Blumenbach* Naturgesch. pag. 257. n. 1. *Schneid.* Schildkr. pag. XLVI. et 45. Tab. I. *Linn.* Syst. nat. ed. *Gmel.* pag. 1039. n. 17.

T. *cartilaginea*, testa orbiculari membranacea, in dorso striata, pedum unguibus tribus, naso cylindrico prolongato. *Boddaert* Schrift. Berl. Naturf. Fr. III. pag. 265. *Linn.* Syst. nat. ed. *Gmel.* pag. 1039. n. 19.

T. *Boddaerti*, testa orbiculari, membranacea, striata in dorso, pedum anteriorum posticorumque palmatorum unguibus ternis, naso cylindrico, prolongato. *Schneider*, Leipz. Mag. zur Naturg. et Oecon. 1786. 3. p. 263. tab. 2. *Ejusd.* Beytr. I. z. Naturg. d. Schildkr. p. 12. *Id.* Schrift. Berl. Naturf. Fr. IV. B. 3. St. pag. 267.

Weichschalige Schildkröte des Thunberg.

Rückenschild tellerförmig, gekielt; die tellerförmige Bedeckung des Rückens bestehet aus einer ungetheilten Haut, besezt mit erhabenen Warzen in schräge laufenden Reihen.

Die Figur des Rückenschildes ist ey- oder vielmehr tellerförmig; er ist etwas gekielt, und bestehet aus einem biegsamen, lederartigen Ueberzuge, ganz und einförmig, ohne Abtheilungen im Rand und Felder; über den Rücken hin aber laufen schräge und gebogene Reihen, von meist enge an einander stehenden, theils länglichten, theils rundlichen erhabenen Warzen oder Punkten, welche nach hinten zu meist unmerkbarer worden, überhaupt aber dem Rückenschild ein runzlichtes Ansehen geben.

Das Rückenschild ist, in seinem natürlichen Zustande, seicht erhaben und nach seinem ganzen Umfange flach ausgebreitet; etwas gewölbter ist die vordere Hälfte nach der Mitte hin, platter und niedriger aber die hintere Hälfte. Der Rand ist durchaus ganz, nirgends eingekerbt, und nur an den Seiten, (vielleicht auch hier nur zufällig,) etwas aufgestülpet.

Das Bauchschild ist nach vorne dem Rückenschild an Länge und Breite fast gleich; nach hinten aber viel kürzer und schmäler; nur der mittlere länglichte Haupttheil, mit den beiden Seitenfortsäzen, welche zur Vereinigung der beiden Schilder dienen, sind hart und knochig, das übrige weich und knorplig; es ist rund umher ganz wenig erhaben, glatt, und häutig ohne Abtheilung in Felder; die Farbe weißlich.

Der Kopf ist niedrig gewölbt und glatt; die Augen sind nach Verhältniß des kleinen Körpers groß; die Lippen breit, die obern etwas auf- die untern abwärts gebogen.

Die Nase verlängert sich in einen stumpfen Rüssel.

Die sehr kurzen Vorder- und Hinterfüsse sind mit einer breiten Schwimmhaut, nicht nur zwischen den Fingern, sondern auch nach ihrer ganzen Fläche, versehen; sie haben fünf Finger, aber nur die drey erstern davon sind mit Krallen bewaffnet.

Der Schwanz ist kurz, und erreicht den Rand des Schildes nicht.

Das von Thunberg beschriebene, einer Hand grosse Exemplar, war braun; und lichtbraun ist ebenfalls die Hauptfarbe an dem Blumenbachischen Exemplar. Dasjenige aber, nach welchem die nette und sehr getreue Abbildung der 20sten Tafel in natürlicher Grösse gemacht ist, hatte wahrscheinlich seine eigenthümlichen Farben in dem Weingeist verloren; es befindet sich auf dem akademischen Kabinet zu Erlangen. Noch ist die Heimath dieser Arten unbekannt. Daß das abgebildete noch ein junges Thier sey, ergiebt sich auf den ersten Anblick — daß es aber von ganz einerley Art mit der Thunbergischen T. rostrata sey, litte nach allen Umständen eben so wenig einen Zweifel, und kein Bedenken, sie mit jenem nun schon von andern Naturforschern angenommenen Namen zu überschreiben.

Eben so gewiß aber ist auch die Boddaertische Schildkröte einerley mit der Thunbergischen, als diese mit der unsrigen; Herr Schneider hat ersteres schon in der eben erwähnten Abhandlung, in den Schrift. der Berl. Naturf. Fr. mit hinreichenden Gründen erwiesen; welchem ich meinen Beytritt nicht versagen kann, zumal ich gewisse und eigene Unterscheidungszeichen zwischen beiden aufzufinden nicht vermag.

Es scheint zwar, daß sämmtliche Eingangs angezogene Beschreibungen und Abbildungen, mehr oder weniger von einander abweichen; es verlieren sich aber alle Zweifel bey ihrer nähern Untersuchung und Gegeneinanderstellung; indem eines Theils Unfleiß der Zeichner oder der Kupferstecher, andern Theils aber auch individuelle Verschiedenheiten der abgebildeten und beschriebenen Exemplare mit in Anschlag zu bringen sind. So rügte schon Herr Schneider die Nachläßigkeit des Künstlers, welcher die von ihm selbst gezeichnete Boddaertische Schildkröte gestochen hat, und so rüget er ebenfalls, und mit Recht, verschiedene Mängel in der Bearbeitung der Thunbergischen Abbildung.

Ich habe zwey Exemplare im Kabinet zu Haag, ein drittes in Erlangen bewahrtes, und ein viertes, (die T. membranacea) durch die gütige Mittheilung des Herrn Hofrath Blumenbachs zu sehen Gelegenheit gehabt; alle im Weingeist bewahret, und alle, dem Anschein nach, noch junge Thiere.

Verschieden war daher ihre Grösse, die Ausbildung ihrer Theile; die durch den Weingeist mehr oder weniger veränderten Farben; verschieden schien, wegen verschrumpfter und verbogener Oberfläche, das knorplige und an den jungen Thieren allerdings sehr weiche Schild; so oder anders waren da und dort der biegsame Rand umgekrämpet, auf- oder eingebogen; die Runzeln und aus erhabenen Punkten bestehenden Streifen mehr oder weniger deutlich. Leicht läßt es sich auch begreifen, daß eine so weiche Schale, ausser den etwa auch angebohrnen Verschiedenheiten, noch durch viele andere äussere Zufälligkeiten von der natürlichen Bildung und Beschaffenheit entstellet werden, und dadurch zu Irrthümern veranlassen könne.

Ein auffallendes Beyspiel davon giebt das nur ersterwähnte kleine Blumenbachische Thierchen an die Hand. Nach der Abbildung zu urtheilen, welche Herr Schneider davon mittheilt, schien es allerdings, daß unter den weichschaligten Schildkröten sie eine eigene selbstständige Art ausmachte, weil sie sich von jenen, ausser einigen andern Umständen, hauptsächlich durch eine gar nicht verlängerte, sondern, nach der Darstellung im Kupfer, kurze und abgestumpfte Nase, auszeichnete. Eine genauere und sorgfältige Untersuchung aber des trüglichen Exemplars selbst, hat mich die Täuschung wahrnehmen lassen. Dieses kleine, zarte, und wie es aus den anhangenden Resten der Nabelschnur wahrscheinlich wird, nur eben dem Ey entschloffene Thierchen, das wenig über 2 Zoll lang ist, ist eben so, wie die übrigen angeführten, mit einer rüsselförmigen Nase versehen. Aber wegen der grossen Zartheit und Weichheit seiner Theile, und durch das Anstossen oder Anliegen des Kopfes gegen das Glas, wurde der kleine und zarte, kaum einige Linien lange Rüssel so ganz an den Kopf zurück und angedrückt, daß er nicht mehr bemerkt wurde; kein Wunder also, daß der durch das Glas das Thierchen abzeichnende Künstler in seiner Figur das nicht anzeigte, was ihm selbst ungesehen blieb. Hierzu kam noch, daß das noch ganz weiche Schild, in der halb eyförmig zugerundeten, oder von den Seiten zusammengedrückten Gestalt, wie der enge Raum im Ey sie erforderte, eine von den übrigen ganz verschiedene Art anzudeuten scheinen mußte, weil unsre, die Thunbergische und Boddaertische Figur, einen plattern ausgebreiteten Schild haben, aber auch nach schon etwas ausgebildeten Thieren gemahlt sind. Daß aber diese und so kleine unbemerkte Abänderungen und Zufälligkeiten, Veranlassung werden konnten, eine nicht in der Natur existirende eigene Art aufzustellen, davon hat mich die sorgfältigste Untersuchung des trüglichen Exemplars zur ungezweifeltsten Gewißheit überzeuget; die glückliche Gelegenheit dazu aber verdanke ich der Gewogenheit des Herrn Hofraths Blumenbach.

Wenn es aber nun auch keinen Zweifel mehr ausgesetzt bleibt, daß alle oben zusammengestellte, bisher für verschieden gehaltene Schildkröten, zu einer und derselben Art gehören: so bleibt es doch noch schwierig, eine andere sich aufwerfende Frage zu beantworten; diese nemlich: Ob nicht diese Thunbergische Schildkröte, vielleicht auch mit der vorhergehenden Pennantischen Weichschaligen, nur eine Art ausmache?

Der Abstand zwischen beiden ist allerdings so groß nicht.

Zur Zeit aber fehlen noch die zur Entscheidung dieser Frage nothwendigen Aufklärungen; denn selbst unsere, von der einen und der andern Art gegebenen Beschreibungen, sind zur zuverläßigen Entscheidung unzuläßlich, weil übertragene Vergleichung, von blos jüngern Thieren, wie sämmtliche bisher bekannte Individua der Thunbergischen T. rostratae sind, zu ältern und grössern Thieren, wie die Pennantische ist, zur Ausmittelung der Arten, nicht ohne Furcht zu irren gelten können.

Wäre nur das Vaterland der hier abgehandelten Thunbergischen Art zuverläßig bekannt, so möchten darauf einige sichere Muthmassungen gewagt werden können.

Der Herr Hofrath Blumenbach giebt von der seinigen Guiana zum Vaterlande an. Ist dieses gegründet, so ließe sich freylich vermuthen, daß sie mit der auch in' warmen amerikanischen Gegenden wohnenden Pennantischen, wohl einerley Art seyn könnte.

Aber dann wirft sich noch immer eine neue Schwierigkeit auf; daß sich nehmlich noch in einem andern, von den erstgenannten Gegenden durch beträchtliche Entfernungen und Meere geschiedenen Flusse, eine der vorigen sehr ähnliche Schildkröte findet, so weit nehmlich aus der sehr kurzen Notiz davon sich Aehnlichkeit abnehmen läßt. Es ist dieses die von Forskål in der Fauna arabica pag. 9. angezeigte von ihm in dem Nil angetroffene Schildkröte. Herr Gmelin hat sie unter folgendem Namen in die neueste Ausgabe des Linneischen Systems eingeschaltet:

T. trïunguis. Dreykrallichte Schildkröte, mit drey Krallen an jedem Fusse, tellerförmigen runzlichten Scheiben, flachem glattem Saum des Oberschildes, und cylindrisch verlängerter über den Kopf hinausragender Nase.

Eine grosse Uebereinkunft der Aegyptischen mit der Guianischen und Floridanischen Schildkröte erhellet allerdings aus dieser kurzen Angabe, — aber doch sind sie zur sichern Entscheidung unzureichend. Diese letztere stehet dem zur Zeit noch fraglich hier aufgeführt. Ueberhaupt aber bleibt der Wunsch noch übrig, daß Naturforscher, welche jene Gegenden bereisen, nähere Berichtigungen als bis jezo vorhanden

den sind, über die Uebereinkunft oder Verschiedenheit der einstweilen nach Möglichkeit hier kenntlich gemachten Schildkröten, der Pennantischen, Thunbergischen und Forskåhlischen nehmlich, geben möchten, damit sich entscheiden lasse, welche Art beyzubehalten, und welche auszustreichen sey? Ob sie vielleicht alle drey nur Abänderungen einer Hauptart seyen? Ob vielleicht jene Amerikanische sowohl unter sich, als auch von der Aegyptischen hinlänglich verschieden seyen?

Erst wenn diese Berichtigungen werden gegeben seyn, wird man auf passendere Namen für jede Art denken können, welche bey der noch bestehenden Ungewißheit ich abzuändern nicht für räthlich hielt, — obgleich es hinlänglich auffallend ist, daß sämmtliche ihnen zulegte Namen, die von der rüsselähnlichen Nase, dem weichen knorplichten Schild, oder den dreykrallichten Füssen hergenommen sind, allen Arten gleich zukommen; und auch der von den Sitten des Thieres der Pennantischen beygelegte Name möchte abzuändern seyn, weil bey der übrigens bey allen ziemlich nahe in einander laufenden Aehnlichkeit der äussern Bildung und Struktur, auch gewiß eine Aehnlichkeit der Sitten und Lebensart darf vermuthet werden. —

Tab. XXI.

TESTUDO FIMBRIATA. *Bruguiere.*

Testa ovali depressa, pone angustiora integra trifariam convexa, squamis acuminatis, sterno obovato, acute emarginato.

T. Matamata, testa ovali subconvexa trifariam carinata, pedibus subdigitatis, naso cylindrico proboscideo, collo utrinque fimbriato. *Brugiere*, Journ. d'hist. natur. nro. VII. Paris 1792. pag. 253. Tab. XIII.

T. fimbriata, testa striata et echinata, fronte callosa triloba. *Schneid.* Schildkr. p. 349. n. 12. *Linn.* Syst. nat. ed. Gmel. p. 1043. n. 28.

T. terrestris major, putamine echinato et striato. s. Raparapa. *Barrere* Hist. de la France Equinox. p. 163. *Fermin.* Hist. naturelle de la Hollande Equinox. p. 51. — *Ejusd.* Beschr. von Surinam. II. p. 226. — *Schneid.* Schildkr. p. 350.

? T. scor-

? T. scorpioides, pedibus subdigitatis, fronte callosa triloba, cauda unguiculata. *Linn.* Syst. nat. XII. p. 352. ed. *Gmel.* p. 1041. n. 8.

? T. scorpioides, testa superiore tribus lineis longitudinalibus elevata, quinque scutellis medii dorsi elongatis, testa inferiore ovata. *Cepede* p. 133. *Bonaterre.*

Gefranzte Schildkröte.

Rückenschild eyförmig und niedrig, dreyfach gewölbt mit spizerhabenen Schuppen, der hintere Rand schmal zugehend und ganz; Bauchschild vorne zugerundet, hinten scharf ausgekerbet.

Der Panzer des von Herrn Bruguieres beschriebenen Thieres hatte 15 Zoll Länge und 11 Zoll Breite. Die Länge des ganzen Thieres, von der Nase bis zur Spize des Schwanzes, betrug 2 Fuß und 3 Zoll. Die Figur des Herrn Bruguieres, die einzige bis jezt davon vorhandene, ist auf der 21sten Tafel sehr genau nachgebildet. Die 13 Scheibenfelder des niedrig gewölbten Rückenschildes sind unter sich ungleich, fast konisch; sie bilden der Länge nach eine dreyfache Reihe erhabener Spizen, wovon die hintersten etwas länger sind, als die vordern. Es sind diese Felder vom Umfang gegen die Mitte runzlich, und am Hintersaum gezähnelt.

Des Randes 25 Felder sind fast viereckig, haben schräge ausstralende Runzeln auf der Oberfläche, und sind am innern Saum gezähnelt.

Die Hauptfarbe des Schildes ist braun; doch das Oberschild etwas zum schwärzlichten sich neigend; das Bauchschild dagegen etwas lichter. Lezteres ist um einen Zoll kürzer als das Rückenschild, und nur halb so breit; es ist dabei länglicht-eyförmig, platt und hinten stark ausgekerbt, und in 13 Felder abgetheilt, wovon 12 in doppelten Reihen, und ein ungepaartes vorne an liegen.

Der grosse platte Kopf ist vorne zugerundet, längs den Seiten mit horizontalen häutigen, 5 Zoll breiten, runzlicht-warzigen Flügelansäzen versehen; nach dem Halse zu deckt ihn eine vorragende, nach hinterwärts dreylappichte Schwiele (Callosität).

Die

Gefranzte Schildkröte.

Die cylindrisch rüsselförmige Nase ist 10 Linien lang; vorne abgestumpft, von zween mittelst einer saumichten Scheidewand getheilten Naslöchern durchbohret.

Die Augen sind rund, und stehen am Ende des Rüssels etwa 10 Linien aus einander.

Der Rachen ist geräumig und weit gespalten; beyde Kiefer an Länge gleich, einfach, ungezähnelt; der untere hat unten einen doppelten, häutigen, nach vorne gekehrten Ansaz.

Der sehr vorgestreckte Hals ist 7 Zoll lang, 4½ breit, oben platt und warzig; zu beiden Seiten aber und der Länge nach mit sechs abwechselnd grössern und kleinern, häutigen und gefranzten Flügelansäzen gezieret; vier ähnliche häutige Ansäze hat auch die untere Seite des Halses, welche den vorhin erwähnten beiden Ansäzen am Kiefer entgegen stehen, und sich in zwey in die Länge laufende Runzeln verlieren.

Die Vorderfüsse sind mit Schuppen und Warzen bedeckt; haben fünf seichtgespaltene Finger; an jedem eine starke, 10 Linien lange, spize, oben convexe, unten platte, Kralle.

Die Hinterfüsse sind schuppig, haben vier mit Krallen versehene, aber noch weniger gespaltene Finger, als an den Vorderfüssen; der fünfte und innerste Finger, oder Daum, ist klein und ohne Krallen, welche übrigens dem der Vorderfüsse gleich sind.

Der Schwanz ist nur einen Zoll lang, etwas gekrümmt, und mit einer körnigen Haut bedeckt.

Diese hier nach Herrn Bruguieres beschriebene Schildkröte, wohnet in Guiana; in den Flüssen der Insel Cajenne war sie sonst häufiger, weil ihr aber die Jäger, welche eine gesunde und schmackhafte Nahrung an ihr finden, sehr nachstellten, so ist ihre Frequenz ziemlich vermindert worden, und dermalen werden sie kaum noch in einiger Menge in dem See Mayacara, und in den Flüssen Routomine und Houesse angetroffen. Sie nährt sich von den an den Ufern der Flüsse wachsenden Pflanzen, und sucht des Nachts ihre Nahrung, ohne sich weit von den Ufern zu entfernen. Das beschriebene und abgebildete Exemplar war ein Weibchen, und befindet sich in Herrn Gautiers Sammlung, dem sie lebendig zugebracht und bey ihm eine geraume Zeit mit Brod und Kräutern genähret wurde. In der Gefangenschaft legte sie 5 oder 6 Eyer, aus deren einem wider alle Erwartung, in der Schublade worinn sie aufbewahrt waren, ein ausgeschloffenes Junges gefunden wurde.

Diese so beschriebene Schildkröte hat in Absicht des Schildes die nächste Verwandschaft zur T. serpentina; unterscheidet sich aber darinn, daß der Hintertheil des Panzers ganz, oder doch nicht so, wie bei jener, sägeförmig gezähnet und das Bauchschild von ganz anderer Bildung ist; übrigens auch durch den kürzern Schwanz, die gefranzten Ansäze des Halses und Kopfes, und die rüsselförmige Nase. Durch die leztere nähert sie sich der T. rostrata und ferox, weicht von diesen aber wieder gar sehr durch die spizhöckerichte Bildung des Rückenschildes ab. Ihre Gliedmaffen sind ungewöhnlich hervorragend, und sie kan, wie die Seeschildkröte und die T. serpentina, nur einen kleinen Theil davon unter dem Panzer verbergen. Vor allen übrigen bisher gekannten Schildkröten, sind ihr die breite und unverhältnißmäßige Plattheit des Kopfes, die Dicke des Halses, und die an beiden erstgenannten Theilen bemerklichen gefranzten und lappichten Ansäze eigen. Und vermöge dieser leztern, schon von Barrere und Fermin bemerkten Eigenheiten, läßet sich daran nicht zweifeln, daß die von ihnen bezeichnete Schildkröte einerley sey mit der Matamata des Herrn Bruguieres, dem übrigens das Verdienst der genauern Bestimmung und ersten Abbildung allein gebühret. Aber eine andere Frage ist es, ob nicht schon Linne´ diese nehmliche Schildkröte unter dem Namen der T. scorpioides aufgeführt habe? welches sehr wahrscheinlich wird, wenn man erwäget, daß er in der 12ten Ausg. des Natursystems, nach dem schon Eingangs angeführten specifischen Charakter, noch folgende Erläuterungen beyfügt. „Die Skorpion-Schild„kröte — wohnt in Surinam. Ihr Panzer ist länglicht-eyförmig, schwarz, die „Scheibe hat gleichsam drey unmerkliche Winkel und die Felder die Gestalt der „Waffen-Schilder. Der Kopf ist vorne mit einer schwielichten Haut bedeckt, die „sich hinten in drey Lappen zertheilt.„ Füsse 5—5.„ Den Namen der Skorpion-Schildkröte scheint Linne´ von der gekrümmten und hornichten Schwanzspize entlehnt zu haben — und mit Ausnahme dieses einigen Merkmals, der hornichten Schwanzspize, werden alle übrige der Skorpion-Schildkröte zugeschriebene Kennzeichen, auch an der Matamata gefunden. Wäre demnach erlaubt anzunehmen, daß der krumme Nagel des Schwanzes, durch irgend einen Zufall an den beiden Exemplaren, die Herr Bruguieres gesehen hat, verloren gegangen seyn konnte, so stünde kaum etwas entgegen, die Identität der Skorpion-Schildkröte mit der Matamata zu behaupten.

… haupten. — Sollte aber Linné, deſſen Scharfblick in Auffindung vorſtechender Unterſcheidungszeichen ſo groß war, den merkwürdigen cylindriſchen Rüſſel in ſeiner, obgleich kurzen, Beſchreibung überſehen haben? — Denn da er keinen Schriftſteller anführet, ſo ſcheint er ſie wohl ſelbſt unterſucht zu haben. Vielleicht daß ſein Exemplar unvollſtändig, oder klein, und die rüſſelförmige Naſe verſchrumpft war? Die groſſe Aehnlichkeit, welche die Linneiſche Beſchreibung der Skorpion-Schildkröte mit der Matamata zu haben ſcheint, kan dennoch nicht ganz die Vermuthung unterdrücken, daß beide dennoch unter ſich verſchiedene Arten ſeyn können; denn wenn ſie auch in faſt allen von Linné angegebenen Punkten zuſammentreffen, ſo mögen ſie doch auf der andern Seite, und in andern, nicht berührten, mehreren und nicht weniger weſentlichen Punkten, eben ſo ſehr verſchieden ſeyn. Dieſes möchte um ſo wahrſcheinlicher ſeyn, da Herr Bruguieres ſagt, daß man bey eilf verſchiedene Arten Schildkröten in den Flüſſen von Cajenne kenne, die aber, weil ſie nicht alle nutzbar ſind, vernachläſſiget werden. Wenn es zuverläſſig wäre, daß die bey Cepede S. 134. erwähnten mehreren Rücken- und Bauchſchilder, und welche, als zur Skorpion-Schildkröte gehörig, im Königl. Cabinet zu Paris bewahrt wurden, auch gewiß von dieſer Linneiſchen Art genommen waren, ſo bezeichnete ſchon die mindere Gröſſe derſelben, eine abweichende Art; denn jene Panzer, deren keiner über 6—7 Zoll lang und 4—5 breit iſt, wurden mit der Nachricht aus Guiana geſchickt, daß dieſe in Moräſten lebende Art nie gröſſer würde. Schade, daß Cepede keine Abbildung von ſeiner Skorpion-Schildkröte gegeben — denn ſeine Beſchreibung wiederholt nur die Linneiſche kurze Notiz; auſſer daß er nur 23 Felder auf dem Rande des Oberſchildes und nur 12 auf dem Bauchſchilde zählte.

Tab. XXII. A.

TESTUDO INDICA. *Perrault.*

Testa supra collum reflexa, scutellis tribus primoribus tuberosis.
Schneid. Schildkr. nro. XIV.

Tortue des Indes; Description anatomique par Mr. *Perrault;* Mem. de l'Acad. des Sciences depuis 1666 — 1699. Tom. III. Part. 2.

T. des Indes. Recueil des Planches fur les Sciences & les Arts liberaux. Vol. VI. Planche XXV. fig. 1.

T. indica. Syst. nat. Linn. ed. *Gmelin.* nro. 29.

Tortue grecque de la Côte de Coromandel. *Cepede* p. 154.

Indische Schildkröte.

Oberschild über den Hals auf- und rückwärts gebogen; die drey vordersten Felder der Scheibe, jedes mit einem Höcker besezt.

Diese von Linné übersehene Art hat Herr Schneider mit Recht seinem Verzeichnisse eingeschaltet; dessen Name und Bestimmungszeichen dahero beyzubehalten sind. In Ermangelung eines Original-Exemplars, können wir nur die Copie der Perraultischen Figur geben, aus dessen, größtentheils anatomischen, Beschreibungen auch folgende, die äussere Bildung betreffende Kenntnisse, geschöpft sind.

Diese Schildkröte wurde aus Indien, und zwar von der Küste von Koromandel gebracht. Die Länge des ganzen Thieres, vom Schnabel bis zur Schwanzspize, betrug 4¼ Fuß, die Höhe ist 14 Zoll. Der Panzer an sich war 3 Fuß lang und 2 Fuß breit. Die Hauptfarbe des Panzers sowohl, als der übrigen Theile des Thieres, war ein stark ins Braune ziehendes Grau. Das Oberschild war aus mehreren Feldern von verschiedener, doch meist fünfeckichter Figur, zusammengesezt. Der knöcher-

Indische Schildkröte.

knöcherne Panzer, dem die Schuppen aufliegen, ist an seiner dünnsten Stelle 1½ Linien, an einigen Stellen aber bis zu 1½ Zoll dick. Der Oberschild ist mit dem Bauchschild durch feste und harte Bänder vereiniget, doch so, daß einige freye Bewegung *) statt findet. Des Oberschildes Vorderrand ist aufwärts gebogen, um dem Kopfe und Halse desto freyern Spielraum zu gestatten. Die drey vordersten und größten Felder des Oberschildes haben jedes einen runden, 3 — 4 Linien hohen, und einen halben Zoll breiten, Höcker.

Kopf, Hals und Füsse sind mit einer schlaffen, runzlichten und fast körnichten Haut bedeckt. Der Kopf ist 7 Zoll lang und 5 Zoll breit, und dessen Haut zärter als die der übrigen Theile. Die Kiefer sind gesäget, und überdies mit einer doppelten Reihe Zähne versehen.

Vorderfüsse sind 9 Zoll lang; die Pfoten kolbicht, ungetheilt und mit 5 Krallen bewafnet. Die Hinterfüsse 11 Zoll lang, die Pfoten gleichfalls kolbicht, und mit 4 Krallen versehen. Die Krallen sind 1½ Zoll lang, oben und unten convex, abgenützt und stumpf. Der Schwanz ist an der Wurzel sechs Zoll dick, vierzehn Zoll lang, und endiget sich in eine hornichte Spize.

Daß diese Art zu den Landschildkröten gehöre, erhellet aus der Bildung der Füsse, des Panzers, und dessen aus der Abbildung zu entnehmenden Fügung mit dem Bauchschilde, woraus aber die von Perrault erwähnte Beweglichkeit zwischen den beyden Schilden kaum vermuthet werden sollte. — Bemerklich und auffallend ist auch die von Perrault angegebene doppelte Reihe von Zähnen innerhalb der sägeförmigen Kinnlade, und wenn nicht ein so geübter Zergliederer es sagte, kaum glaublich.

Die Perraultische Figur paßt zwar zu seiner Beschreibung, und drückt die Kennzeichen, das zurückgebogene und mit Höckern besezte Schild, deutlich aus, scheint übrigens aber doch nicht ganz genau zu seyn, wie man füglich aus der Darstellung der Randschilder schliessen darf, welche vorne und hinten, mit Ausnahme der drey mittleren, fast ohne Abtheilung zusammenhängen, ganz gegen die gewöhnliche Einrichtung aller übrigen Arten. Auch zeiget das Bild nur zehn Felder auf der Scheibe an. In Betreff dieser Umstände muß demnach die Wahrheit des Perraultischen Bildes

---

*) „Attachés ensemble, par des ligamens forts & durs, mais qui laissent néanmoins la liberté à quelque mouvement." Welches, wenn es wörtlich zu verstehen, für eine so grosse Land-Schildkröte sonderbar wäre.

Bildes auf sich selbst beruhen bleiben — aber nothwendig war die Wiederholung desselben, wo nicht als selbstständiger Art, wenigstens zur Vergleichung mit der nächstfolgenden ihr sehr verwandten.

Tab. XXII. Fig. B.

TESTUDO INDICA. *Vosmaeri.*

Testa supra collum reflexa, disci scutellis anterioribus laevibus; margine crenato.

Indische Schildkröte des Vosmaer.

Oberschild über den Hals auf- und rückwärts gebogen, die vordersten Felder der Scheibe glatt; der Rand gekerbt.

Der hier einzig und zuerst abgebildete merkwürdige Panzer ist in dem Cabinette des Herrn Erbstatthalters, in Haag, befindlich. Herr Vosmaer hatte die Gewogenheit, mir nebst der unter seiner Aufsicht gefertigten genauen Zeichnung, folgende Beschreibung mitzutheilen:

„Dieser Panzer wurde von dem Vorgebürge der guten Hoffnung ohne irgend „einem weitern Bericht überschickt. Daß er einer Landschildkröte zugehöre, lehret „der erste Anblick. Die Länge des Oberschildes beträgt 2 Fuß 8 Zoll, die Breite „18½ Zoll und die senkrechte Höhe 14 Zoll. Die Scheibe hat 13, der Rand 25 „Felder. Die zwo Mittelfelder des Bauchschildes sind die grössesten, und vor „ihnen sind 5, dahinter 7; zwey den Randschildern zunächstliegende sind kleiner als „die übrigen. Die Farbe des Oberschildes ist schwärzlich; des Bauchschildes asch„farbig.

Daß

Daß die Bildung dieses Panzers der Vosmarischen Schildkröte von dem der Perraultischen in der Hauptsache nur gar wenig abweiche, ergiebt sich aus ihrer beiderseitigen Vergleichung, zu welcher Absicht sie zusammengestellt werden mußten. Die Vermuthung ihrer Verwandschaft zu einerlei Art, würde daher desto wahrscheinlicher werden, wenn die bey der vorhergehenden Perraultischen Figur erwähnten besorglichen Nachläßigkeitsfehler in Anschlag gebracht werden. — Beide sind sich ähnlich an Grösse und Verhältniß, Gestalt, und aufgebogenem Rande, der in den Flanken stumpf und convex ist; auch die Farbe ist nicht auffallend abweichend. Nur daß dieser Vosmaerischen die Höcker auf den vordern Feldern mangeln, und daß ihr Rand mehr gekerbt ist. — Ob dieses Verschiedenheiten einer eigenen Art, oder nur des Geschlechts, des Geburtsortes oder andere zufällige Sonderheiten seyen, muß vorjezt unentschieden, und den Naturforschern jener Gegenden zur Berichtigung überlassen bleiben.

Tab. XXIII.

TESTUDO AREOLATA. *Thunb.*

T. oblonga modice gibba; scutellis subquadrangulis, elevatis, profunde sulcatis; areolis depressis scabris.

T. terrestris Brasiliensis. *Seb.* tab. 80. fig. 6.

T. areolata, pedibus digitatis, testae gibbosae scutellis elevatis subquadrangulis striatis; medio depressis scabris. *Thunberg.* Nov. Act. Acad. Suec. Vol. VIII. pag. 180. (pag. 173. Verf. german.)

Areolirte Schildkröte.

Länglichtes, mäßig gewölbtes Oberschild, erhabene, parallel gerippte, fast viereckige Felder, mit vertieftem und rauh punktirtem Schuppenfelde.

Das nach der Natur abgebildete Exemplar ist 3.″ 3.‴ lang, 2.″ 6.‴ breit (unter dem Mittel-Rückenfeld) und 1.″ von der Kante des Oberschildes; 1.″ 6.‴ vom Brustschild aus, hoch.

Die Figur des Panzers ist ablang, nach vorne etwas schmäler, ihre Wölbung überall gleich, vorne ausgeschweift, mit kurz vorragender Spize der vordersten Randschuppe; die Seiten sind von der 3ten bis 8ten Randschuppe ziemlich geradelinicht, ohne ganz parallel zu seyn.

Die Scheibe hat 13 Felder in drey Reihen. (Unsere Abbildung zeiget deren zwar 15, so wie sie das Muster=Exemplar hatte; absichtlich aber wählte ich aus zwo gleich grossen und gleich schönen Exemplaren dieses, welches in der Mittelreihe das 4te, und in der linken Seitenreihe das 3te Feld überzählig eingeschaltet hatte.)

Die Felder sind sämmtlich wenigstens eine Linie hoch, oder durch eben so tiefe Furchen von einander gesondert und abstehend. Die meisten, wie die Abbildung bezeuget, nähern sich mehr oder weniger der viereckigen Gestalt. Von dem äussersten Umfang eines jeden Feldes, welche meist ziemlich geradelinig sind, erheben sich gleichsam stufenweise 5 oder 6 (in dem vorliegenden Exemplare nemlich) concentrische Rippen, wovon die innern und höchstgelegenen die deutlichsten sind, und die ganz innerste die breiteste ist. Diese gerippte Einfassung ist von allen Seiten fast gleich breit. Völlig in der Mitte eines jeden Feldes liegt das kleine Schuppenfeld, dessen Figur der Gestalt des Feldes selbst vollkommen entspricht; es ist aber vertieft (wie der Eindruck eines Wachssiegels) und rauh punktirt; das Schuppenfeld des ersten und zweyten *) Feldes in der Mittelreihe, haben einen niedrigen, seine Mitte durchschneidenden Kiel, welcher aber die, das Schuppenfeld umfassende, Rippenreihen nicht durchsezet. Die übrigen Schuppenfelder haben meist nur einen erhabenen länglichten Punkt in ihrer Mitte.

Die Farbe dieser Schuppenfelder ist rothgelb, die innern Rippen der Felder weiß, der äussern Rippen, oder überhaupt der tiefere Raum zwischen den erhabenen Theilen der Felder, schmuzig braun.

Nach dieser allgemeinen Beschreibung der Felder auf der Scheibe, halte ich es für überflüssig, sie einzeln durchzugehen, zumal die Verschiedenheit ihrer Gestalt, sich deutlich aus der sehr getreuen Abbildung abnehmen läßt.

Der Rand hat 24 Felder, wovon das vorderste das schmälste und keilförmig, das hinterste das breiteste ist, welches in der Mitte von oben herab eine kleine Vertiefung

---

*) Die Thunbergische Zeichnung bemerkt auch einen ähnlichen kleinen Kiel in der Mitte des 3ten und 4ten Feldes.

tiefung hat, die ihm das Ansehen geben, als ob es ehemals getheilt gewesen sey. (So getheilt stellt auch die Sebaische Figur dieses hinterste Feld vor, die beiden Exemplare aber, welche ich in den Händen hatte, und eine mir von Herrn Thunberg zugekommene Figur berechtigen mich, es nur für eines zu zählen, denn die scheinbare Nath gehet nicht durch.) Es erhellet auch aus der Vergleichung der Felderabtheilung von beiden Seiten des Randes der abgebildeten Schale, daß die unregelmäßige Zahl der Felder in der Mittel- und linken Reihe der Scheibe keinen Einfluß auf die des Randes gehabt habe, den sie sind sich an beiden Seiten vollkommen gleich, so wie auch ein zweytes Exemplar, und die Thunbergische und Sebaische Abbildung, der unsrigen in diesem Stücke gleich kommen.

Der Rand ist durch eine tiefe Furche von der Scheibe gesondert; er hat rings umher eine scharfe Kante, welche längs der Flanken von der 3ten, 8ten, etwas aufgebogen ist; übrigens haben die Randfelder, bis auf die über dem hintern Schenkel befindliche, ziemlich einerley Abhang mit der Scheibe. Die meisten, wie besser aus der Abbildung zu ersehen ist, haben viereckichte Gestalten, sind gerippet, ihr kleines auch vertieftes Schuppenfeld liegt in der hintern untern Ecke; und an Farbe sind sie denen der Scheibe gleich.

Der untere Theil des Panzers ist durchaus stroh- oder sehr blaßgelblich. Das ganz platte Bauchschild ist 3.″ lang, und 1.″ 6‴ ohne die Flügel breit; die Breite der schräg aufwärts stehenden Flügel beträgt 3.‴ und ungefähr eben so viel der mit ihnen verbundene untere Theil des Randes vom Oberschilde, so daß, wenn der Panzer auf dem ganz ebenen Bauchschilde lieget, die Kante des Oberschildes etwa 6.‴ über dieses höher stehet. Die beiden Flügel sind durch eine sehr enge und feste Knochennath unmittelbar an das 5te bis 8te Feld des Randes (vom kleinen ungepaarten an gezählt) gebunden.

Das Bauchschild ist vorne abgestumpft und leicht, hinten scharf ausgekerbt; und in 12 seicht gefurchte Felder, deren Verhältnisse und Gestalten deutlich aus der Figur zu ersehen sind, abgetheilt.

Auch an dieser Schale lassen sich regelmäßige Verhältnisse des Baues, mit dem Zirkel in der Hand, auffinden.

Die Breite des dritten, oder des eigentlichen Mittelfeldes in der Mittelreihe, ist gleich der Breite der zwey mittlern Seitenfelder; und der darunter gebogene Rand beträgt genau die Hälfte dieses Maaßes.

Die Breite jenes Mittelfeldes ist gleich der Länge des ersten Rückenfeldes, und der Basis desselben. Das nemliche Maas, den Zirkel in die Mitte der vordern Seite des ersten Feldes eingesezt, und der Furche zwischen Rand und Scheibe nach gemessen, giebt an jeder Seite fünfmal dieses Maas bis an die obere Ecke des hintersten Randfeldes, dessen Breite ein halbes solches Maas beträgt; es ist demnach der Umfang der Scheibe 10½mal die Breite des Centralfeldes. — Dieses nemliche Maas, den Zirkel auf dem Bauchschild in den Punkt eingesezt, wo die Längsnath und die mittelste Zwerchnath sich durchschneiden, bestimmt nach beiden Seiten die Breite des platten Theils des Bauchschildes, bis dahin nehmlich, wo die Krümmung der Flügelansäze sich anfängt; ferner gehen zwey solche Maaße aus dem nehmlichen Punkt bis an den Winkel des hintern Ausschnitts am Brustschild, und 1½ bis zum vordern Ausschnitte; die Länge der geraden Nath am Bauchschild ist demnach 3½mal die Breite des Centralfelds. Doch so viel mag hinlänglich seyn, um zu zeigen, daß die Natur überall nach bestimmten Verhältnissen arbeitet.

Das Exemplar, welches Herr Thunberg beschreibt, war nach seiner Angabe (volae manus) einer halben Hand groß; so groß waren die beiden von mir gesehenen; und das Sebaische scheint ebenfalls nicht grösser gewesen zu seyn; es ist demnach die Frage, ob diese Art je viel grösser werde?

Kopf und Extremitäten kenne ich nicht. Die Sebaische Abbildung hat an den Vorderfüssen 5, an den hintern 4 Krallen, und einen kurzen, die Schale überwiegenden, Schwanz. An dem Thunbergischen Exemplar waren nur die Hinterfüsse erhalten; sie waren schuppicht, kolbicht und auch mit nur 4 starken Krallen bewaffnet. Nach Seba waren Kopf und Füsse von einer blaßgelbern Farbe, als die Schale.

Eine Landschildkröte ist sie zuverlässig, ihre eigentliche Heimath aber nicht bekannt. Herr Thunberg bekam die seinige in Indien, ohne genauere Anzeige ihres Aufenthalts. Seba nennt die seinige eine Brasilianische, und hält sie für die Jurura des Marggraf, welche aber nach Herrn Schneider (im Leipz. Magaz. 1786. 3ten St. S. 277.) mehr einer Wasserschildkröte ähneln soll.

Tab. XXIV.

Tab. XXIV.
TESTUDO PENSYLVANICA.

Testa elliptica, laevi, unicolore, dorso planiusculo, scutellis intermediis rhomboideis subimbricatis; primo subtriangulo: marginis XXIII.

- T. lutaria pensylvanica. G. *Edwards* Glanures de l'histoire naturelle. Londres. 1764. Part. 2. chap. 77. pl. 287. (*Das ganze Thier.*)
- Die kleine Morast-Schildkröte. *Seligm.* av. VIII. tab. 77. (*Edwards Abbildung.*) et inde *Schneider* Schildkr. p. 347.
- T. subrubra, maculis flavis subrubrisque supra caput et testam inferiorem. La rougeatre. *Cepede.* p. 132.
- T. subrubra, digitis fissis, testa elliptica, scutellis fusco-luteis: posticis brevioribus, cauda unguiculata. *Bonaterre* Erpetolog. n. 19. Tab. 5. f. 1. (Figura Edwardi.)
- T. pensylvanica, palmarum unguibus 5, plantarum 4, caudae apice corneo acuto. *Linn.* Syst. nat. ed. *Gmelin.* p. 1042. n. 26. Secundum *Seligm.* 8. t. 77.

"Habitat in Pensylvaniae aquis stagnantibus; nonne eadem cum clausa? Viva moschum olet; caudae apice deorsum verso corpus movet in declivibus montium lutosorum, motumque sistit. Cauda brevis."

Pensylvanische Schildkröte.

Die Oberschale elliptisch, glatt, einfärbig, auf dem Rücken platt, die mittelsten Felder rautenförmig, das vorderste dreyeckig, und alle schieferartig gefüget; 23 Randfelder.

Die erste und bisher einige Bekanntschaft dieser Art, verdanket man alleine der Edwardischen Figur und Beschreibung, und den Nachrichten, welche von ihr, zugleich mit dem Exemplar, nach welchem jene Figur entworfen worden, von dem würdigen ältern Bartram an Herrn Collinson in London überschickt wurden. Aus der Edwardischen Nachlese allein entlehnten die obengenannten Herren Schneider, Cepede, Gmelin und Bonaterre ihre Notizen.

Ich hatte das Vergnügen, zwey Schalen von Herrn Prof. Mühlenberg in Lancaster zu erhalten, wovon die eine ohne den entferntesten Zweifel zu der Edwardischen Figur und Beschreibung passet, die andere aber in den wesentlichsten Stücken jener so nahe kommt, daß ich, der ihr eigenen Abweichungen ungeachtet, doch Bedenken trage, sie davon zu trennen, indem sie vielleicht nur dem Geschlecht nach verschieden seyn könnte.

Von beiden sind sehr getreue Vorstellungen auf der 24 Tafel gegeben; und mit dem Buchstaben A. diejenige bezeichnet, welche zuverlässig die Edwardische kleine Morast-Schildkröte ist. Mit dem Buchstaben B. die jener verwandte, aber doch in einigen Stücken abweichende. Von den skizirten Figuren versteht es sich, daß sie an Farbe den entsprechenden Theilen ähnlich sind, und ihre Ausmahlung daher überflüssig war.

A. Pensylvanische Schildkröte mit beweglichem Bauchschilde.

Die Oberschale ist 3." 3."' lang; 2." 3."' breit und 1." hoch. Ihre Gestalt ist elliptisch und mäßig convex. Das Verhältniß der vordern und hintern Hälfte der Schale ist ungleich; von der Mitte nehmlich des mittelsten Rückenfeldes und den ihr entsprechenden beiderseitigen Näthen zwischen dem zwoten und dritten Seitenfelde, ist der Vordertheil der Schale länger 12." als der hintere (1." 3."') zugleich ist jener Vordertheil von jenem Mittelpunkt aus langsam und schräg abfallend, der Hintertheil hingegen ist bey seiner Kürze convexer und nach hinten schroff abfallend. Von einer Seite zur andern der Schale erhält sich durchaus eine ziemlich gleiche Wölbung. Der Rücken ist platt und ohne Spuren von einem Kiel.

Die Scheibe hat 13 durchaus glatte, fast glänzende Felder, ohne Furchen und Runzeln, wenn man einige, wie es scheint zufällige Rauhigkeiten nächst des Randes einiger Felder, abrechnet. Sie sind übrigens durchaus einfärbig, blaß oder vielmehr gelblichbraun, doch ist die Farbe des Hintertheils weder so gleich, noch so schön.

Die hornichte Belegung der Felder scheint dünner und spröder, und dem Knochenschilde weit fester aufzuliegen, als an andern Arten. Auch zeichnet sich die Gestalt der Felder auf der Scheibe, zumal der Mittelreihe vor vielen Arten, gar sehr aus, und auch noch dadurch, daß ihre Näthe nicht blos aneinander gefüget, sondern einigermaß

Pensylvanische Schildkröte.

germaſſen mit dem Hinterrande einer jeden Schuppe, dem der nächſtfolgenden aufliegend, folglich ziegelartig gelagert ſind.

Das erſte Feld der Scheibe ſtellet ein zwar gleich-, aber nicht geradeſchenklichtes Dreyeck, mit hinterwärts gekehrter Spize dar, davon jede Seite 10 Linien lang iſt. Mit ſeiner vordern etwas bogigen Baſis, füllt es die Breite der drey vorderſten Randſchilder; die Schenkel ſind etwas einwärts gekrümmt, und die Spize iſt ſtumpf, mit der ſie dem nächſtfolgenden, oder zwoten Rückenfeld, über deſſen Rand hinaus aufliegt. Dieſes erſte Feld iſt wohl nach ſeiner Länge in der Mitte ein klein wenig convex, aber doch ohne eigentlichen Kiel.

Das zwote iſt länger als breit, 11.''' bey 8.'''; die volle Länge würde eigentlich 12.''' ſeyn, aber eine Linie breit deckt es die überragende Spize der vorhergehenden Schuppe. Die Figur iſt länglich rautenförmig, deren vordere Spize unter dem Ende der erſten Schuppe verſteckt, die hintere zugerundet iſt; die Seiten fügen ſich in einem ſtumpfen Winkel; die Näthe ſind nicht geradelinig; die Oberfläche iſt ganz platt und glatt.

Das dritte Feld bildet ebenfalls eine kurze Raute, denn ein Sechseck könnte man es nur dann nennen, wenn man die vorne ein- und hinten auswärts gebogenen runden Ränder als geradelinig annähme. Es iſt 9.''' breit, und faſt eben ſo lang; ganz platt und eben.

Das vierte Feld iſt eine unregelmäſſige Figur; vorne ausgeſchweift, und an den Seiten bis zur Nath des 3ten und 4ten Seitenfeldes gerade hingehend, der übrige und hintere Theil iſt faſt halbzirkelförmig gerundet; es iſt 6.''' lang und 7.''' breit; und nach hinten zu abhängig.

Das fünfte Feld iſt das kleinſte?; 6.''' lang und 8.''' breit, und nähert ſich am meiſten einem Fünfeck; und ſtehet faſt ſenkrecht.

Die Seitenfelder ſind weniger von der gewöhnlichen Bildung abweichend, auſſer daß ſie, wegen der kleinern Breite der Rückenfelder, verhältnißmäſſig viel breiter als lang ſind. Ihre Figur ergiebt ſich aus der Abbildung. Das zwote, welches das größte iſt, hat 10.''' Länge und 15.''' Breite. Sie ſind von oben herab gleich gebogen, wie die übrigen glatt, ihre Ränder überragend (ziegelartig), und ihre Näthe wie alle übrige einfach, vertieft und nicht ganz geradelinicht.

Der

Der Rand ist ringsumher ganz, am Vordertheil ziemlich gerade zugestuzt; überall der Wölbung der Scheibe entsprechend; die vordersten Felder schräg abschüssig und scharfkantig; von dem 5ten an senkrecht angedrückt, und bis zum 8ten, zur Verbindung mit dem Bauchschild, nach unten erweitert; die vier letztern beider Seiten senkrecht, schmal und scharfkantig. Es sind der Randfelder 23; nehmlich eilf an jeder Seite, nebst einem vordersten ungepaarten, welches das kleinste ist.

Das Bauchschild ist kürzer und schmäler, als der innere Umkreis des Oberschildes. Es ist in drey Lappen getheilt; der mittelste ist der breiteste, aber kürzeste, und zu beiden Seiten mittelst zwo eingeschalteter Felder an das 5te — 8te (von dem ungepaarten an gezählt) Randfeld durch eine einfache Nath fest und unbeweglich verbunden. Dieses Mittelstück ist platt, und etwas über den Horizontalrand des Oberschildes hervorragend. Der vordere Lappe stellet ein Dreieck mit bogigen ganzen Rändern und stumpfer Spize vor. Der hintere Lappe erweitert sich erst von seiner Basi aus mit gekrümmten Seiten, verengert sich aber wieder an der hintern Hälfte, und ist ganz hinten spizig ausgekerbt. Der vordere sowohl als der hintere Lappen sind durch ein festes senniges Band an das Mittelstück verbunden, welches beiden diesen Lappen einige, doch dem vordern mehrere, Beweglichkeit gestattet; zwischen ihnen aber und dem Rande des Oberschildes bleibt noch hinlänglicher Raum für die Füsse und den Schwanz; und diese Art kan ihr Gehäuse keinesweges so ganz verschliessen, wie die Dosen=Schildkröte. Das Bauchschild ist durch eine Längsnath, und ausser den zwo beweglichen und geraden Quernathen, noch durch vier andere schräge am Vorder- und zwo schräge am Hinterbogen, in eilf Felder getheilt. Zunächst der Nathen finden sich Spuren von mehrern Furchen, welche vermuthen lassen, daß dieses obschon kleine Exemplar doch schon mehrere Jahre alt sey, und diese Art folglich zu keiner beträchtlichen Grösse anwachsen möge. Die Hauptfarbe scheint braun gewesen, und die lichteren gelblichten Stellen, welche zugleich die glättesten sind, nur durch Abreiben entstanden zu seyn.

Da die genaueste Uebereinkunft der Abbildung unserer bis hieher beschriebenen Schale, mit der Abbildung des Edwardischen Thieres sicher keinen Zweifel über die Identität der Art lassen kann: — so bleibt mir nun nichts übrig, als noch die Edwardische Beschreibung hier beyzufügen, theils als Beleg für das schon erwähnte, noch mehr auch zur vollständigen Erläuterung der übrigen in der Edwardischen Figur abgebildeten Theile.

„Der Kopf ist um die Kinbacken und die Augen herum gelbröthlicht; der obere „Theil des Kopfs, die Kehle und der Hals sind braun; die vordern Füsse haben fünf

„fünf Zehen mit spizigen Klauen, die hintern aber nur vier. Diese Schildkröte
„scheint mir zu den Land- und Wasserthieren zu gehören, indem sie an allen Füs-
„sen solche Auswüchse hat, welche Floßfedern gleichen; die Schenkel und Füsse sind
„mit einer rauhen braunen Haut überzogen. Die obere Schale ist in 13 Schuppen
„getheilt, sämmtlich von brauner Farbe; diese sind (am Rande) mit noch kleinern
„umgeben, davon die, so sich am Kopfe und Schwanze befinden, braun, und die so
„an den Seiten stehen, gelbröthlich sind. Die untere Schale ist anders abgetheilt,
„als die obere, welches die Figur besser als eine Beschreibung erkläret; sie hängt
„mit der obern Schale an den Seiten vermittelst zweyer Gelenke
„oder Angel zusammen, welche die beiden Schalen gänzlich schlies-
„sen, wenn das Thier Kopf und Füsse eingezogen hat. Der untere
„Theil ist dunkelbraun, und an den Rändern der Schale röthlich schattirt. Dieses
„Thier hat einen kleinen dunkeln Schwanz mit einer scharfen Spize von einer
„hornichten Substanz, womit es, wie ich vermuthe, seine Bewegungen nach
„Belieben hemmet, wenn es auf abschüssigen steilen Schlammbänken fortschreitet.
„Diese Schildkröte soll, wenn sie lebendig ist, einen sehr starken Muskus-Geruch
„haben.

B. Pensylvanische Schildkröte mit unbeweglichem Bauchschilde.

Die Ansicht der Abbildung allein lehret schon, daß eine nächste Verwandschaft zwischen dieser und der vorhergehenden Schale statt finde; die genauere Vergleichung der einzelnen Verhältnisse im Bau und Gestalt der Theile, zumahl der Oberschale, bestätiget es.

Diese Schale ist um eine Kleinigkeit (um 3 Linien) grösser, als die vorige, nehmlich sie ist 3." 6.''' lang, 2." 6.''' breit, und 1." 3.''' hoch).

Ihre Figur ist elliptisch wie die vorige, mit dem Unterschied jedoch, daß sie durch angedrucktere Flanken etwas mehr dem länglichten sich nähert, daß sie vorn etwas enger zuläuft und hinten weniger abschüssig ist.

Sie ist ebenfalls einfärbig fahlbraun, aber ihre Oberfläche hat nicht den feinen Hornglanz, sondern verhält sich wie ein matt geschliffenes zu einem polirten Glase.

Das erste Feld der Scheibe nähert sich zwar auch einem Dreyecke, aber es ist länger, als es an der Basis breit ist, mit welcher es nicht die Breite der drey vordersten Randfelder ausfüllet; es ist 10.''' lang, und 7.''' an der Grundfläche breit. Es ist dieses Feld nach der Mitte herauf etwas convexer, oben stumpfer, und es zeigen sich auf das zwote Feld hereingehende Spuren, daß jenes erste ehemals weiter herein verlängert war.

Das zwote ist auf dieselbe Art, wie an der vorigen, rautenförmig; 10.''' lang, 9.''' breit.

Das dritte 8''' lang, und 10.''' breit; das vierte hält bey einer andern, hinten mehr zugerundeten Figur, das nehmliche Maas beynahe.

Das lezte ist mehr fünfecklicht, 6.''' lang, und 8.''' breit.

Das 2te und 3te sind fast horizontal platt, das 4te und 5te nach hinten aber leicht abschüssig. Von der Mitte der dritten an bildet sich ein niedriger platter Kiel, der bis an den Rand fortsezet.

Die hintern Ränder sämmtlicher Felder sind, wie an der vorigen, auf den Vorderrändern der nächst anstossenden platt aufliegend, und überragend. Die hornichte Belegung ist dünn und spröde.

Die Seitenfelder der Scheibe, und die 23 des Randes haben nichts besonders auszeichnendes, und gleichen an Gestalt und Verhältnissen, mit Ausnahme der minder glatten Oberfläche, der vorigen.

Der allein wichtigste Unterschied zwischen dieser und der vorigen Schale liegt in der Gestalt, Fügung und Einrichtung des Bauchschildes.

Dieses ist verhältnißmässig zur Oberschale schmäler, und für einen Theil seiner Länge fast gleichbreit. Es ist 2.'' 9.''' lang, und in der Mitte, ohne die Fortsäze, 1.'' 3.''' breit. Es entsteht daher ein grösserer Abstand zwischen dem Bauchschilde und dem Oberschilde, welches grössere und stärkere Gliedmassen zu vermuthen erlaubt. Die Verbindung zwischen dem Bauch- und Oberschilde ist eben so fest und unbeweglich, als an der vorigen. Das Merkwürdigste aber ist, daß an dieser das Bauchschild nicht, wie an der vorigen, einen beweglichen Vorder- und Hinterlappen hat, son-

sondern aus einem unzertheilten und ganz unbeweglichen Knochenstücke bestehet. Die braune Oberfläche davon ist aber gleichwohl, wie an der vorigen, durch weisse Näthe, von einer ziemlich jener ähnlichen Richtung, auch nur in eilf Felder abgetheilt.

Bey der so grossen Uebereinkunft der meisten Umstände in Gestalt, Verhältnissen, und Farbe der Oberschilde, halte ich mich nicht für berechtiget, um der einzigen, obgleich wichtigen Verschiedenheit des Bauchschildes willen, die unter B. beschriebene Schale als eine selbstständige neue Art anzusehen; indem mir es wahrscheinlich ist, daß diese verschiedene Structur und Einrichtung des Bauchschildes vielleicht nur Bezug auf Geschlechtsunterschied haben könne.

Die Entscheidung bleibt Naturforschern, welche Gelegenheit dazu haben werden, überlassen.

Tab. XXV.

TESTUDO ELEGANS. *Sebae.*

Testa hemisphaerica, scutellis sulcatis convexis quadrifariam virgatis; areolis planis punctatis, latioribus quam longis.

T. terrestris ceilonica elegans minor. *Seb.* I. 79. fig. 3. p. 126.

? La jolie tortue terrestre de Madagascar. f.

? T. alte fornicata, dorsi scutis subpentagone striatis nigris, centro punctato radiisque luteis. *Commerson*, in XXV. labore Zoologico in Madagascaria exantlato. Mscr.

Die zierliche Schildkröte.

Oberschale halbkugelicht gewölbt, mit erhabenen, gefurchten, vierstreifigen Feldern; die Schuppenfelder platt, punktirt, breiter als lang.

Diese schöne, und wie Seba sie mit Recht nannte, zierliche Schildkröte scheint um deswillen bisher unbeachtet geblieben zu seyn, weil sie auf den ersten Blick leicht für die Geometrische gehalten werden kan, von welcher sie doch, bey angestellter Vergleichung, wesentlich verschieden ist.

Das Oberschild des abgebildeten Exemplars ist 2." 8.''' lang, 2." 3.''' breit, und 1." 5 oder 6.''' hoch. Dabey mißt der Bogen von Rand zu Rand, der Länge nach und über die Quere, auf beiderley Weise fast vier Zoll.

Der Knochenbau ist, der Kleinheit des Exemplars ungeachtet, fest und stark.

Die Scheibe hat 13 Felder, welche die den meisten Arten gewöhnlichsten 5 und 6eckigen Gestalten haben. Sie erheben sich nach der Mitte zu mittelst mehrerer paralleler Reife und Furchen. Die Umrisse der Felder sind meist geradelinicht und geradewinklich; so auch ihre Verbindungsnäthe, einfach, gerade und so genau gefüget, daß sie vor den übrigen Furchen kaum anders, als nach ihrer tiefsten Lage zu unterscheiden sind.

So wie die äussern Reife undeutlich und schmal sind, so werden sie nach innen deutlicher; der innerste um das Schuppenfeld pflegt jedesmal der breiteste zu seyn, und folgt genau dem äussern Umrisse des Feldes.

Das Schuppenfeld ist platt, erhaben, (nicht eingedrückt oder vertieft, wie an der Geometrischen) rauh punktirt, im Verhältnisse zu seinem Felde groß, und überhaupt breiter als lang; durch welche Umstände sich diese Art schon sehr von der Geometrischen unterscheidet.

Die Hauptfarbe des Oberschildes ist glänzend schwarzbraun; die Einfassung der Schuppenfelder lichtbraun; die Schuppenfelder selbst strohgelb, und von der nehmlichen Farbe sind die schön geordneten breiten Streifen, welche sich aus den Ecken

der

Zierliche Schildkröte.

der Schuppenfelder auswärts verbreiten, und indem sie sich mit andern ihnen begegnenden verbinden, zwischen sich ziemlich regelmässige Sechsecke, Rauten und Triangel bilden.

Der Rand des Oberschildes hält ringsum mit der Scheibe gleiche Wölbung, und ist an den Seiten fast ganz senkrecht. Vorn ist er stark ausgeschnitten; ringsum sehr scharfkantig; nach hinten mehr oder weniger gekerbt. Die Felder sind alle ziemlich viereckig. Das Schuppenfeld, nebst der obern hintern, und untern vordern Hälfte sind blaßgelb, der übrige Theil schwarzbraun. Der Rand hat aber nur 23 Felder; ein vorderstes fehlte; das hinterste ist das breiteste und ungepaart.

Das Bauchschild ist um weniges kürzer als das Oberschild; es ist nach der Mittellänge herab flach vertieft, und in zwölf Felder abgetheilt, gelb von Farbe, und an der innern Seite der Quernäthe braun gefleckt. Der vordere Fortsaz ist vorne zugerundet und doppelt ausgekerbt; der hintere ist scharf und tief ausgeschnitten.

Der Kopf ist klein, mit kleinen Schuppen belegt; die Nase stumpf; der äussere Rand des Oberkiefers, von oben herab gestreifelt.

Die Vorder- und Hinterfüsse sind kolbig, erstere länger, mit starken länglichten Schuppen belegt, und mit 5 Krallen bewafnet; die hintern haben kleine Schuppen und nur 4 Krallen.

Der Schwanz ist conisch und kurz. Kopf, Schwanz und Füsse haben die gelbe Farbe des Schildes zur Hauptfarbe.

Daß es eine Landschildkröte sey, erhellet aus dem ganzen Bau. Das Vaterland ist Ostindien?

Ich habe ein vollständiges Exemplar in dem Kabinet zu Haag, ein paar Schalen in dem zu Harlem angetroffen, und das Original des abgebildeten Exemplars zu Amsterdam käuflich zu erhalten Gelegenheit gehabt.

Von dieser Schildkröte sagt Seba, daß sie nicht grösser würde, woran ich jedoch zweifle, zumahl schon Commerson seine hieher ganz passende Schildkröte mit einer 8 Zoll langen Schale beschreibt.

Tab. XXVI.
TESTUDO PULCHELLA.

Testa ovata, depressa, obtuse carinata, scutellis areolatis, late costatis, eleganter striatis.

Schöne Schildkröte.

Oberschild eyförmig, niedrig, stumpf gekielt; die Schuppen mit Feldern, breiten Reifen und niedlich gestrichelt.

Das grössere Schild, welches mir ein Zufall in die Hand brachte, ließ mich lange in Verlegenheit, bis ich glücklicher Weise auch ein kleineres, aber vollständiges Exemplar kennen lernte, und durch Vergleichung zur Bestimmung dieser Art, als einer eigenen, neuen, berechtigt ward. Ich finde nirgendwo Anzeigen einer ähnlichen. Die sehr getreuen Abbildungen werden mit Hülfe der Beschreibung, bey welcher das jüngere Thier, mit Hinsicht auf die grössere Schale, zum Grunde liegt, dieses bestätigen.

Das Schild des kleinern Thieres, war nur 1." 8."' lang, 1." 6."' breit, und 6."' hoch.

Das grössere mißt 3." 6."' Länge, 2." 11."' Breite, 1." Höhe.

Der Panzer ist eyförmig, niedrig gewölbt, stumpf gekielt, nach vorne und zu beiden Seiten gleich und mit fast unmerklicher Wölbung abschüssig; bis an die Kante nach hinten abhängiger; vorne nur wenig ausgeschweift.

Die Scheibe hat 13 Felder, die mittlern sind sich an Breite ziemlich gleich, und gleich vom Kiel aus plattabschüssig. In ihren Figuren, welche die Abbildung deutlicher macht, haben sie nichts auszeichnendes.

Die

Schöne Schildkröte.

Die Felder haben, jedes an seinem hintern Rande, ein dem Umriſſe ähnliches, etwas vertieftes, rauhpunktirtes Schuppenfeld, welches an dem kleinen Exemplare nur mit einem, etwas erhabenern, nach Verhältniß des Feldes breiten, gleichen, glatten und weiß geſtrichelten Saum oder Reif umfaſſet iſt. An dem gröſſern Schilde aber ſiehet man dieſer Reifen mehrere, drey bis vier; als ſo viele verſchiedene Anſäze des Wachsthums, das vielleicht ſich noch auf eine gröſſere Zahl mit den Jahren erhöhen kan. Es iſt aber auch hier bey Vergleichung bemerklich, daß das Schuppenfeld an den kleinſten Thieren ſchon ſeine beſtimmten Gröſſe habe, und durch das zunehmende Wachsthum und Erweiterung der Felder nicht weiter verändert werden. Die auf dem Saume der Felder des kleinen Thieres dicht zuſammenſtehenden Linien ſind an den innern Reifen der gröſſern Schale nicht mehr ſo deutlich, wohl aber auf den äuſſern.

Der Kiel ſämmtlicher Rückenfelder iſt glatt, ſtumpf, gleich, und an dem jungen Thiere zuſammenhängend, wenigſtens nur durch die Näthe unterbrochen.

Die Geſtalten der vier Seitenfelder lehret die Abbildung; in den übrigen Verhältniſſen ſind ſie den vorigen gleich.

Der Rand, welcher mit der Scheibe gleich abſchüſſig, aber doch etwas erhabener iſt, hat 25 Felder, deren vorderſtes das kleinſte, kurz, faſt viereckig iſt und mit den beiden ihm nächſten keilförmigen, die Breite des erſten Rückenfeldes ausfüllet; die übrigen ſind meiſt viereckig, vom 5ten bis zum 8ten etwas ſchmäler, weiterhin wieder breiter, und mehr auswärts gekehrt, mit etwas vorragenden Spizen; die beiden hinterſten ſind faſt regelmäſſig viereckig und abſchüſſiger. Sie haben alle auch ihre deutliche Schuppenfelder und von da ausgehende kleine gelbliche Striche.

Die Kante iſt ganz und ſcharf, längſt den Seiten etwas aufgeſtülpet, hinterwärts etwas gekerbt.

Die Näthe ſind durchaus einfach und meiſt gerade.

Die Farbe des Panzers iſt ſchwarzbraun, und, wie ſchon erinnert, auf den Reifen der Felder mit weißgelblichen, (an dem jüngern Thiere mehr in die Augen fallenden,) Strichen gezieret.

Das

Das platte Bauchschild ist an dem kleinen Thiere 18.′′′ lang, und 11.′′′ breit; ablanger Gestalt, vorn dem Panzer gleich, hinten etwas kürzer, und an beiden Enden stumpf, doch am grossen Exemplare hinten ein wenig gekerbt. Es ist in 12 Felder getheilt, weißgelb und braun gesteckt. Es hängt durch zwey von den mittelsten Feldern ausgehende und gemach aufgebogene Fortsäze, unmittelbar mit dem 6ten und 7ten, mittelbar aber auch mit dem 5ten und 8ten Randfelde zusammen, durch einfache Näthe.

Der Kopf ist eyförmig, oben platt, und mit einer glatten Haut bedeckt, an welcher, an dem kleinen Thiere, keine Schuppen bemerklich sind; von blaßbrauner Farbe, und weißgelb punktirt. Der Schnabel ist kurz und stumpf. Die Füsse haben eine Schwimmhaut; vorne 5, hinten nur 4 deutliche Finger und eben so viele Krallen. Eine grössere und vorragende Schuppe scheint die Stelle des fünften Fingers an den Hinterfüssen zu bezeichnen.

Die Farbe der Füsse ist braun, mit weißgelben Schuppen, besonders nach der Länge der Figur untermischet.

Der Schwanz einen Zoll lang, dünne, spizig, schuppig; oben braun, längs den Seiten und unten, weißgelb gestreift.

Es ist eine Wasserschildkröte; ihr Vaterland aber unbekannt.

Tab. XXVII.

TESTUDO PLANICEPS.

Testa elliptica; scutellis disci mediis concavis, lateralibus infractis; margine reflexo.

T. planiceps s. platycephala. *Schneider*. Schriften Berliner Naturforsch. Fr. IV. B. 3. St. p. 259.

Plattköpfigte Schildkröte.

Rückenschild elliptisch; die mittlern Felder vertieft, die Seitenfelder gebrochen, der Rand aufgebogen.

Eine neue und von Herrn Schneider zuerst beschriebene Wasser=Schildkröte, deren Abbildung wir aus dem angezeigten Werke, nur nach einem etwas verkleinerten Maasstabe, entlehnen, um Abbildungen eines jüngern Exemplars derselben Art beyfügen zu können. Sie hat so deutlich ausgedrückte Merkmale im Bau des Kopfes, der Füße und des Panzers, daß sie, nach Herrn Schneider, allerdings und sehr leicht, nicht allein als eine Wasser=Schildkröte erkannt, sondern auch von allen bereits bekannten Arten unterschieden werden muß.

Ich werde hier vorerst die kurze Beschreibung von dem größern, in der Sammlung der Berliner Ges. Nat. Fr. befindlichen Exemplar, mit Herrn Schneiders Worten wiederholen, und dann eine eigene kurze Beschreibung des kleinen, aus dem Museum zu Barby mitgetheilten, Thieres anhängen; damit aus deren Vergleichung die Einerleyheit der Art, vors erste, aber auch fürs zweyte, die Abweichungen, welche nur der Verschiedenheit des Alters zuzuschreiben sind, erkannt werden mögen.

Der Kopf ist wider die Gewohnheit platt gedrückt, sehr niedrig, und flach, nur an den Seiten erkennt man über der Trommelöfnung, in einer sanften Vertiefung, Spuren länglichter Abtheilungen von Schildern, sonst ist der ganze Kopf glatt. Die Füße haben vorn 5, hinten 4 deutliche Finger, mit spitzigen und langen Krallen, und deutlicher aber schmaler Schwimmhaut. An den Hinterfüßen stehet in einer ziemlichen Entfernung ein Ansatz, wie eine fünfte äussere oder hintere Zehe hervor, welche aber vielleicht nur eine, am trocknen Thiere spitzig hervorstehende Randschuppe ist.

Der Panzer ist oben platt niedergedrückt, und an den Seiten wie ein gebrochenes Dach eingedrückt, so daß an den Seiten zwey scharfe Kanten zu sehen sind, welche neben den mittelsten Rückenfeldern weggehen. Unter dieser Kante sind die vier Seitenfelder sehr vertieft, und laufen abschüßig nach dem Rande zu. Das zweyte und dritte Mittelfeld haben eine starke Vertiefung. Der Rand läuft nicht mit

S den

den Seiten in einer Linie und abschüßig fort, sondern ist vom dritten Randfelde bis an das vorlezte umgebogen. Der ganze Panzer ist elliptisch, und hinten etwas höher gewölbt, als vorne. Der Rand bestehet aus 25 Feldern; am achten biegt der Rand sich merklich aus; das zehnte macht mit dem eilften in der Fuge einen Zacken; und überhaupt läuft der Rand vom Ende des neunten Feldes nach hinten schmäler, und bey jedem Felde ausgeschweift zu. Die beyden hintersten Felder haben, wie gewöhnlich, zwischen sich eine starke Kerbe, sind aber nicht merklich herausgebogen.

Der Brustschild ist merklich kürzer als der Oberschild; statt der gewöhnlichen 12 Abtheilungen des hornigten Ueberzuges, finden sich hier 13; denn die zwey vordersten Felder sind in drey getheilt, und das mittelste siehet fast wie ein Herz aus, und ist das größte.

Das Maas des Thieres ist nicht angegeben. Die Farbe des Schildes ist braun — aber an dem getrokneten Thiere stark überfirnißet, und daher nicht überall klar. —

Das kleinere und jüngere Exemplar kommt in allen Hauptkennzeichen vollkommen mit diesem größern überein.

Der Schild war 2.″ lang, 1.″ 7.‴ breit, und ¼″ vom Rand aus, hoch. Die Scheibe hat 15 Felder; und ist nach ihrer ganzen Mitt = länge oder nach dem ganzen Umfange der Rückenfelder etwas eingedrückt und vertieft; so nehmlich, daß diese Rückenfelder gleich von der jederseitigen Fuge der Seitenfelder nach der Rückgräte ein = und abwärts gebogen sind, in welcher Vertiefung selbst aber der Rückgrat, wie eine niedrige kielförmige Vorragung fortläuft. Diese Vertiefung auszudrücken, ist dem Künstler nicht ganz gelungen.

Die Figuren und Umrisse der Rückenfelder lassen sich hinlänglich aus der Abbildung erkennen; aus der man auch ihre Uebereinstimmung, nach Verhältniß der Größe, mit den des größern Thieres nicht vermissen wird. Das vorderste und lezte Feld, sind nicht wie die drey mittlern vertieft, sondern platt abschüßig.

Längs jener Vertiefung auf dem Rücken, und des obern Randes der Seitenfelder, läuft eine niedrige kielförmige Erhöhung hin, die von den etwas gebrochenen Seitenfeldern entstehet, welche vorne, nach Maasgabe der mittlern Felder,

am

Plattköpfigte Schildkröte.

am breitesten auseinander stehn, nach hinten zu sich aber annähern, und auf dem letzten Felde fast sich vereinigen. Unter jenen Kiel beugen sich die Seitenfelder mit einiger Hohlung nach dem Rande hinab. Ihre Figuren sind die gewöhnlichen. Die Nähte der Felder sind alle einfach; und meist gerade. Die Oberfläche ist fast durchgängig glatt, ohne Furchen und Schuppenfelder.

Die Farbe an diesem in Weingeist bewahrten Thiere, ist ein blasses Gelb, das an den Seiten nur ins Braunrothe fällt.

Der Rand hat 25 Felder, verschiedener Größe und Gestalt; nach vorn ist er mit der Scheibe gleich abschüßig, von der dritten an aber, bis zur hintern vorletzten, aufwärts gebogen.

Das Brustbild ist platt und glatt; kürzer als das Oberschild; $1\frac{3}{4}''$ lang; $1.''$ breit; und $1\frac{1}{4}''$ nebst den Flügeln, hoch, und in 13 Felder abgetheilt. Es ist größtentheils braun, mit gelber Einfassung; und mittelst seiner Flügel an das 5 — 8te Randschild geheftet.

Der Kopf ist oben niedrig, platt; den Hintertheil dekt nur eine Schuppe, an deren Seite und über den Ohren mehrere kleine gelagert sind. Stirne und Obertheil des Kopfs sind weiß; das übrige lichtbraun. Der äussere Ohrenring ist deutlicher als bey andern.

An dem untern Theil des Kinnes sind zwey kurze, weisse Bartfasern sichtbar.

Die Füße stimmen ganz mit Herrn Schneiders Beschreibung überein; nur daß der von ihm bemerkte muthmaßliche 5te Finger der Hinterfüße, etwas zufälliges an seinem Exemplar gewesen zu seyn scheinet.

Der Schwanz ist kurz und spitzig.

Das Vaterland dieser Schildkröte soll Ostindien seyn. —

Tab. XXVIII. Fig. 1.

TESTUDO DENTICULATA. *L.*

Testa orbiculato - cordata, margine erosa.

T. denticulata. L. Syst. Nat. n. 9. — ed. Gmel. p. 1043. n. 9. et (excluso synon. β.) *Schneid.* Schildkr. p. 360.

La Dentelée; T. denticulata, testa superiori subcordiformi, margine admodum denticulato. *(Cepède* p. 163. *Bonaterre* n. 12. sec. Ceped.

Gezähnelte Schildkröte.

Oberschild rundlich ‐ herzförmig, mit gezäheltem Rande.

Wir haben von dieser Art nur sehr unzureichende Kenntnisse; wenigstens mehr nicht, als die sehr kurze, von Linné aufgezeichnete Beschreibung, von einem, im Cabinet des Herrn Oberhofmarschalls de Geer befindlichen, Exemplar. Zufolge einer Nachricht des Herrn Prof. D. Swartz, waren doppelte Exemplare im de Geerischen Cabinet, deren eines noch in Stokholm, das andere in Upsal, unter diesem Linné'ischen Namen, bewahret wird. Von letzterem eine Abbildung mittheilen zu können, hat die Gewogenheit des Herrn Ritters von Thunberg mich in den Stand gesetzt. Es entspricht aber diese Abbildung der hier zu wiederholenden Linné'ischen Beschreibung vollkommen. „Der Schild gleicht an Größe dem Ey „eines welschen Huhnes, ist schmutzig blaß, vorn ausgeschweift, längs dem ganzen „Rande gezähnelt, und gleichsam ausgenaget. Die sechsseitigen Schuppen sind „rauh (squamae scabrae). Der Schwanz kürzer als die kolbichten Füße, welche „keine abgesonderte Finger, aber vorne 5, hinten 4 Krallen haben." Die auf dem Gemälde angegebenen Farben, erinnert Herr v. Thunberg, mögen vielleicht nicht mehr die natürlichen, sondern durch den Weingeist veränderten, seyn.

Daß

Petschirte Schildkröte.

Daß die Petschierte Schildkröte des Herrn Wallbaums, welche auf Herrn Schneiders Veranlassung Herr Gmelin dieser Art beyzählt, eine von dieser sehr verschiedene sey, erhellet aus dem ersten Blick auf beyde Figuren; erstere weicht sehr ab, in ihrer länglichten Gestalt, in der größern Zahl und der Bildung der Randfelder, und in der Farbe.

Wahrscheinlich ist auch ihr Vaterland nicht Virginien, wie Linné, und eben so wenig die Hudsonsbay, wie Müller (Natursyst. III. S. 43.) angeben, der sie sogar mit der Dosen = Schildkröte zu verwechseln scheinet.

Ihre unterscheidende Kennzeichen beruhen gänzlich auf dem gezähnelten und gleichsam angefressenen Rande. Allerdings etwas unzuverlässig! — Sollten in der Folge nicht noch andere Exemplare von dieser Beschaffenheit, zur sicheren Bestätigung der Art, gefunden werden, so bliebe es noch ziemlich wahrscheinlich, daß die von Linné beschriebenen Individuen zur getäfelten Schildkröte gehört haben; zu welcher, auf jeden Fall, die vorstehende Abbildung die nächste Aehnlichkeit und Verwandschaft vermuthen lässet.

Tab. XXVIII. Fig. 2. 3.

TESTUDO SIGNATA. *Wallb.*

Testa ovali, convexa, gilvo - grisea, nigro punctulata, marginis scutellis XXVI acute dentatis.

Petschirte Schildkröte.

Oberschild oval, niedrig gewölbt, von gelblicht greiser Farbe mit kleinen schwarzen Punkten beflecket; der Rand hat 26 scharf gezähnte Schuppen.

Herr Wallbaum hat diese Schildkröte zuerst und zur Zeit allein beschrieben, und eine Abbildung davon gegeben. Ihm waren zwey Exemplare davon in dem Edlerschen Cabinet bekannt worden; ein anderes, seiner Figur und Beschreibung genau entsprechendes Exemplares, fand ich im Cabinet zu Harlem. Da mir bey einem kurzen Aufenthalt daselbst Zeit und Gelegenheit mangelten, eine Beschreibung des Harlemschen Exemplares zu entwerfen, und die durch einen dasigen Künstler auf meine Bestellung gemachte Abbildung, nach meiner deutlichen Erinnerung, wohl den Umriß und die Hauptfarbe, nicht aber die unzähligen kleinen auf der Oberfläche befindlichen Punkte genau nachbildete, so behalte ich lieber die Wallbaumische Figur bey, und lasse sie nach dem Harlemischen Blatt illuminiren. Dieser kleine Harnisch, sagt Hr. Wallbaum, welcher die Länge eines Fingers hat, ist halb so hoch als breit, im Umfange oval, scharfkantig und gezähnt; bey den Hinterfüßen etwas breiter als vorn, oben nach allen Gegenden niedrig gewölbt, und mit gerändelten, fast gleichen Schuppen bedeckt, unten aber größtentheils platt und vorn aufwärts gekrümmt. Er hat eine gelblichtgreise Farbe, welche oben mit schwarzen (unzähligen und ohne Ordnung vertheilten) Puncten, gleichsam als mit Fliegenkoth, beflecket ist, unten aber mit Coffeebraunen breiten Streifen in der Länge und in der Quere verdunkelt wird. Den Schild decken 39 unebene Schuppen; 13 sitzen auf der Scheibe und 26 auf dem Rande.

Die Schuppen der Scheibe scheinen viereckig zu seyn; indem ausser den vier Ecken die übrigen sehr stumpf, wie eine eingebrochene Linie sind. Die Schuppen werden von einem wulstigen und gestreiften Rande umschlossen, in deren Mitte ein tief eingedrücktes, unebenes (Schuppen-) Feld sich befindet; daher sie einem abgedrückten eckichten Pettschafte gleichen. Die erste Rückenschuppe ist nagelförmig, hat drey gerade und vorne eine bogichte Seite, auch in der Mitte ein kielförmiges Feld. Die zweyte und dritte sind sechseckig, vorn und hinten abgestuzt, etwas größer als die erste und vierte, haben auch in der Mitte ihres Feldes einen geringen kielförmigen

migen Höcker. Die vierte ist auch sechseckig; an der hintern Seite aber enger als vorn. Die fünfte ist nagelförmig, nemlich hinten abgerundet und breiter als vorn.

An dem abgebildeten Exemplar, findet sich ausser den fünf beschriebenen und gewöhnlichen, noch eine zufällige kleine Schuppe, wie ein länglichtes Viereck gestaltet, zwischen der vierten und lezten Schuppe. Da aber dieser Harnisch in der Farbe und in den übrigen Theilen mit dem andern Exemplar, nach welchem die Beschreibung entworfen worden, übereinkommt, so ist dieses nur als eine zufällige Ueberzahl anzusehen.

Die Seitenschuppen kommen mit den Rückenschuppen in der Größe überein, nur die lezte ausgenommen, welche kleiner und rautenförmig ist. Die erste hat die Form eines Quadranten und ist etwas länger als die zweyte. Die zweyte und dritte haben fünf Ecken. Der Rand hat eine ansehnliche Breite, ist wulstig, vorn ausgeschweift, und hat daselbst über dem Halse einen geraden ausgekerbten Zahn, und beyderseits vier andere sägeartige Zähne; an den Seiten des Schildes ragt er in der Form eines gekerbten Kiels hervor, und endiget sich hinterwärts mit einem stumpfen, abgenuzten Winkel, neben welchem an jeder Seite fünf aufwärts gebogene sägenförmige Zacken sitzen.

Der Rand ist vorn über den Hals flach bogig, an den Seiten gerade bis an die Hinterfüße, wo er sich ein wenig in die Höhe krümmet und dann wieder gegen das Hinterende schief herabsteiget. Die Randschuppen sind gefurchet und meistens ungleichseitige Vierecke. Die vorderste ist sehr klein, nagelförmig und ausgekerbt, die hinterste ist die größeste, ungleich fünfeckig.

Das Brustbein hat beinahe eben die Länge als das Schild, auch zwey Fortsätze und zwey Flügel. Es ist durch fünf gestreifte, braune Querbinden und eine dergleichen lange, in acht punktirte bräunlichte Felder abgetheilt. Die Scheibe desselben ist beynahe platt, und nur längs der Mittelnath wie eine sehr flache Rinne eingedrückt. Der vordere Fortsaz stehet soweit als der vordere Rand des Schildes hervor, ist flachbogig, vorn abgestuzt und auf den beyden Ecken in eine kurz vorragende Spize ausgehend. Der hintere Fortsaz ist größer, reichet bis an das Hinterende des Schildes, ist stark ausgekerbt und endigt sich mit zwey gleichen stumpfwinkelichten Spizen, welche sich ein wenig aufwärts krümmen. Die Flügel sind breit, kurz, auswärts gewölbt, und vermittelst einer Nath an den Schild befestiget (nach dem Bilde zu urtheilen von der 5ten bis 8ten Randschuppe).

Aus

Aus dem Bau erhellet, daß es eine Landschildkröte sey. Die Heimath ist unbekannt.

Länge des Schildes, 2." 9.''' Mittlere Breite 1." 11." Höhe 1." —. mit dem Brustbein, ohne dasselbe — 9.'''

Bauchschild. 2." 5.''' — — 1." 8.''' Höhe der Flügel. 3.'''

Tab. XXIX.

TESTUDO CORIACEA. *L.*
TESTUDO TUBERCULATA. *Penn.*

Testa coriacea, per longitudinem striata.

T. coriacea f. Mercurii. *Rondel.* pisc. 450.

T. coriacea. *Gessner* aquat. 946.

Turtle. *Borlase* Cornwall. 285. Tab. 27.

Tortue. *de la Font.* Hist. de l'Acad. des scienc. 1729. p. 8. (v. Schneid. Schildkr. p. 313.)

T. coriacea. *Vandelli* ad Linn. Patav. 1761. c. fig. —

T. coriacea, pedibus pinniformibus muticis, testa coriacea, cauda angulis septem exaratis. *Linn.* syst. nat. XII. 1. p. 350.

Tortue. *Fougeroux* Hist. de l'Acad. etc. 1765. p. 44.

Tortue Lath. *d'Aubenton* Encyclop. Method.

Coriaceous Tortoise. *Pennant.* Brit. Zool. 3. p. 7. Tab. 1. —

Tortue. *Amoreux* apud Rozier. Journ. de phys. 1778. Ianv. p. 65. & Suppl. B. p. 230.

T.

T. coriacea. *Schneid.* Schildkr. p. 312. n. 4. — *Gmel.* syst. nat. Linn. p. 1036.

T. Lyra. Le Luth. Testa coriacea, longitudinaliter 5-striata. *Cep.* p. III. Tab. 3. — *Bonaterre* Encycl. n. 7. fig. eadem. —

T. tuberculata. *Pennant.* Acta angl. 61. 1. p. 275. Tab. X. f. 4. 5. Pullus.

Commentar. Acad. Scient. Bonon. Tom. 4. p. 17.

Memorie per servire all'Istoria Litteraria. Venez. 1756. Tom. VII. artic. 7. pag. 17. c. fig. —

Rat de Mer & Tortue à clin. *Gall.* Trunk-Turtle. *Angl.* Leder-schild. *Germ.*

Lederschildkröte.

Schild, mit lederähnlichem Ueberzuge, nach der Länge gestreift.

Diese, durch eine ihr ganz eigene und so ungewöhnliche Bedeckung ausgezeichnete Art, bedarf eine desto kürzere Beschreibung.

Das Knochenschild ist nicht, wie bey den übrigen Arten, mit Hornähnlichem Belege, sondern mit einer schwarzen, härtlichen und dicken Lederähnlichen Decke überzogen. Daher ihre Namen, woron der Englische, von der Aehnlichkeit eines Reisekoffers entlehnte, der passendste ist.

Es ist aber dieser Lederähnliche Ueberzug, nach Vandelli's Bemerkung, durch oberflächliche Linien, in kleine theils rautenförmige, theils rechtwinklichte Figuren so zertheilt, daß auch die Pennantische Bemerkung sie erklärt, nach welcher die schuppenlose Oberfläche doch den Anschein davon haben soll.

Ueber die Länge des Rückens laufen fünf, und wenn die ähnliche an den Rändern befindliche mitgezählt werden, sieben, eckige, fast sägeförmige, scharfe, doch glatte Wülste, davon die mittelste die vorstechendste ist; sie vereinigen sich sämtlich in dem hintern verlängerten Spitzende des Schildes.

Die gleichfalls lederartige Bedeckung des Bauchschildes ist weniger hart, und auch weniger schwarz; um die Halsgegend vielmehr sich ins Gelbe ziehend.

Der Kopf und die Augen sind groß; die Nasenlöcher rund und klein; die Gehörgänge äusserlich durch verschlossene Erhabenheiten angedeutet.

Der Rüssel ähnelt einem Habichtsschnabel. Der Oberkiefer ist abgestumpft und zweyspitzig, überdeckt den untern; beyde sind scharf und ungezähnelt. Aber der Gaumen und die innern Theile des Unterkiefers sind nach Vandelli auf das dichteste mit scharfen, durchsichtigen, biegsamen, und an ihrem Grunde beweglichen Spitzzähnen besetzet, die fast einen Zoll lang, aber kaum eine Linie dick, und bis an ihre Hälfte in einer weichen Haut befestiget sind. Diese Einrichtung ist der des Hayfisches ähnlich, und eben so zum Festhalten der Beute bestimmt.

Die flossenförmigen Füße sind an ihrem Vorderrande dick, am hintern breiter, schärfer und sägeförmig.

Der kurze Schwanz ist ebenfalls mit schwarzem Leder bezogen.

Die Größe und Schwere dieser Thiere sind verschieden; Pennant erwähnt eines von 800, Fougeroux von 1000 Pfunden. Von einem andern, welches eines der größesten gewesen zu seyn scheint, giebt Cepede folgende Maaße an:

Ganze Länge: 7.' 3." — Breite 7.' — Höhe 1.' 8." —
Länge des Schildes: 4.' 8." — Breite 4.' 4." —

Ihr Aufenthalt ist im mittelländischen Meere sowohl, als im Ozean. Eine Lederschildkröte, welche an die Küste von Nordamerika getrieben und dort gefangen worden war, habe ich selbst in Rhode Island im J. 1778 beobachtet.

Cepede p. 115. sagt, sie gebe einen heulenden, fürchterlichen Ton (d'horribles cris) von sich. — Gewisser ist es, daß sie vielen Thran geben.

Zu bewundern ist, wie diese durch ihren ganz ausgezeichneten Bezug so deutlich und leicht zu bestimmende Art, doch so häufigen und mancherley Zweifeln unterworfen seyn konnte; zumal doch, auch abgerechnet solche kleine Verschiedenheiten, welche durch Aufenthaltsorte, Alter oder Geschlecht veranlaßt seyn möchten, dieselben und einerley vorstehende Kennzeichen der Art, bey allen angetroffen wurden, welche als neue oder verschiedene Arten angesprochen worden sind; vielleicht blos aus Unkenntniß der Geschichte derselben. Diejenigen Schildkröten, welche de la Fond, Amo-

reux

Lederschildkröte.

reux und Fougeroux a. a. O. als Wunderthiere beschrieben haben, sind alle zu dieser Art gehörig. Auch habe ich, als Augenzeuge, diejenige, welche im Institute in Bologna bewahrt wird, und davon Franz Zanotti in den Schriften der Bolognesser Akademie erwähnet, für keine andere erkennen können.

Es hat sich keine Gelegenheit ergeben, so sehr ich auch darum bemühet war, eine neue nach der Natur getreu verfertigte Abbildung von dieser, an sich doch seltener vorkommenden, Art zu erhalten. Jedoch sind die Abbildungen, welche Vandelli, Pennant, und Cepede gegeben haben, und deren Werke gemein genug sind, zur Kenntniß der Art sehr zureichend, obgleich unter sich durch geringfügige Abweichungen verschieden, daß es auch schwer ist zu sagen, welche die vorzüglichere sey. Aus dieser Ursache habe ich es auch für besser gethan gehalten, eine genaue Abbildung der Pennantischen T. tuberculata, welche nur ein Junges dieser Art ist, (und wovon ich ein sehr gut beschaffenes Exemplar in Amsterdam erkaufte) diesem Werke einzuverleiben, zumal alle die Eigenheiten der größern Thiere daran erkenntlich, und die philosophischen Transaktionen, welche die sonst nirgend vorkommende Pennantischen Abbildungen enthalten, doch nicht überall zu haben sind.

Eine Beschreibung dieses kleinen Thierchens ist beynahe überflüssig; doch verdient folgendes bemerkt zu werden:

Das Exemplar ist $3\frac{1}{2}$ Zoll lang. Der Kopf groß und schuppicht. Der Hals dick und runzlicht. Der Oberkiefer zweyspitzig. Das Oberschild gewölbt, ablang; vorne ausgeschweift, hinten in eine ausgekerbte Spitze verlängert, und das ganze Schild, wie aller jungen Thiere, biegsam. Der Rücken längs gestreift, durch vorragende Ribben, bestehend aus kleinen, harten, gelben angereihten Knobben. Fünf Ribben durchlaufen die Scheibe, zwey am Rande; alle sieben aber vereinigen sich in der hintern Spitze des Schildes. Die Zwischenräume der Ribben füllt ein dicker, schwarzbrauner, lederähnlicher Ueberzug, voll niedriger kleiner Tuberkeln. Das Bauchschild ist mit einer warzig-tuberkulösen Haut bezogen. Die Form des Bauchschildes ist eckicht gewölbt; das Mittelstück nehmlich erhabener, durch die nieder und wieder aufgebogene Flügel dem Schilde angeheftet. Die mittlere lange Nath zeichnet sich durch eine Doppelreihe grösserer Tuberkeln aus; ähnliche sind an den Seiten und den Flügeln; daher sechs vorragende Linien. Die mittlere Nath ist an einer Stelle für den Nabel gespalten; welches bestätiget, daß es ein ganz junges Thier war.

Pen=

Pennant selbst hat schon und sicher richtig geurtheilet, daß seine T. tuberculata, eine und dieselbe mit der Linne'ischen coriacea seyn möge; und Schneider, Cepede und andere waren ihm hierin beyfällig. Gmelin verdiente daher keinesweges getadelt zu werden, wenn er derselben Meinung beytrat, für welche ihn der Recensent *) des litterarischen Lebens des Th. Pennant, zu entschuldigen bemühet war. Die tuberculata und coriacea sind sich so ganz ähnlich, an Bildung des Kopfes, der Kiefer, des Körpers, der Bekleidung. Eine grosse tuberculata, ein ausgewachsenes Exemplar, als solche, ist bisher noch nicht bekannt worden, und doch wäre es zu erwarten gewesen, wenn es nicht weit gewisser wäre, daß die junge tuberculata durch allmähliche kleine Veränderungen ihrer äusseren Beschaffenheit in diejenige übergienge, unter welcher wir die coriacea zu sehen gewohnt sind.

Tab. XXX.

TESTUDO GRANOSA.

Testae orbiculatae siccae discus interior osseus punctatusque.

T. triunguis, pedum unguiculis tribus, dorsi disco rugoso orbiculato, limbo depressiore laevi, naribus in cylindro elevato & ultra caput prominente. *Forskäl* Faun. arab. p. 9. Habitans rarior in Nilo. (Nonne eadem cum membranacea?) *Gmelin*, in Syst. Nat. Linn. ed. noviss. p. 1039. n. 18.

T. punctata, disco osseo punctatoque. Tortue chagrinée. *Cepede*. Tab. XI. p. 171.

Chagrinirte Schildkröte. *Schneider* Beyträge 2. p. 22. c. fig.

Fors-

---

*) Siehe Rezension von: Litterarisches Leben des Thomas Pennant, übersezt von Timäus. Braunschweig 1794. in Götting. gel. Anz. 112 St. 1794.

Forskål, Descript. animalium in itinere oriental. observatorum. Hafniae 1771.

Sonnerat, Voyage aux Indes orientales, Paris 1782. 4to.

Die schagrinirte Schildkröte.

Mit rundem Schilde, dessen innere Scheibe knöchern rund.

Von derjenigen Schildkröte, welche wir oben, S. 112. als noch unvollständig bekannt erwähnten; sind wir nun eine vollkommene Beschreibung zu geben, in den Stand gesetzt. Der vorzüglichen Gewogenheit des Herrn D. Blochs verdanken wir die Ansicht zweyer Exemplare der Cepedischen schagrinirten Schildkröte, und dadurch die ungezweifelte Ueberzeugung, daß sie keine andere als die Nilotische, von Forskål, obgleich sehr kurz, beschriebene sey. Dies konnte aus der Cepedischen Beschreibung und Abbildung des Exemplars, welches Sonnerat vormals aus Ostindien gebracht, und in dem ehemals königl. Cabinet zu Paris niedergelegt hatte, eben so wenig errathen, als eine dem wunderbaren Bau des Thiers entsprechende Vorstellung daraus entnommen werden.

Die Blochischen Exemplare sind von verschiedener Größe; das eine mißt von dem Kopf bis zum Schwanz, drey und zwanzig, das andere nur zehn Zolle. Lezteres ist das abgebildete, und hiernächst zu beschreibende:

Das leichtgewölbte Oberschild hat eine ziemlich runde Gestalt; ist 5 Zoll lang, und 3¾ Zoll breit; und scheinet fast aus zwo, auf einander liegenden Schaalen zu bestehen. Der obere und innere Theil, welcher auf den ersten Blik die Scheibe allein zu bilden scheinet, ist 4½ Zoll lang, und 3¼ Zoll breit; nach hinten zu schmäler, durchaus etwas vorragend, übrigens ganz knöchern, und ganz ungewöhnlicher Weise in 24 kleine Felder abgetheilet. Die Oberfläche ist nicht eben, sondern mit Grübchen und Punkten rauh gemacht; belegt jedoch mit einem dünnen, glatten, hornichten Ueberzuge.

Die erwähnten 24 kleinen Felder sind so bezeichnet, daß die ihnen unterliegenden Wirbelbeine und Rippen leicht erkannt werden. Acht kleine Felder liegen in der Mittelreihe und entsprechen einer kleinen Anzahl Wirbelbeinen; und diesen zu jeder Seite rechts und links, werden durch quer ablaufende Furchen, oder (wie sie an entblößten Stellen erscheinen) gezähnelte Näthe, acht länglichte Felder gebildet, welche eben so viele Rippen bedecken.

Den übrigen Raum, zwischen dieser mittleren Knochenscheibe und dem Rande des Schildes, füllet eine knorplichte, glatte, halbdurchsichtige Decke; unter welcher die fortsetzenden schmälern Rippen bemerklich sind, welche die innere Scheibe an den Rand heften.

Der Rand des Schildes ist größtentheils nur ein knorplichter Bogen, und an den Seiten nur etwa zwey Zoll, nach hinten etwas mehr, von der Mittelscheibe abstehend. Ihn decken XXIV kleine, harte, unten und oben, eben so wie die Mittelscheibe schagrinirte Schuppen, der sie auch von oben an Farbe gleich, von unten aber weißlicht sind.

Die vorderste, über den Hals gelegene Randschuppe ist fast rund; aber in dem hier beschriebenen kleinen Exemplar, nicht so, wie in dem grösseren, der mittlern Knochenscheibe anstehend. Von ihr aus, folgen an jeder Seite XI, sich anreihende Randfelder, aber von nach hinten zu, abnehmender Breite. Das hinterste, über den Schwanz liegende Feld, ist das kleinste, fast zweygetheilt und abstehend von den übrigen.

Das Bauchschild überraget das Oberschild um etwas, nach vorne und hinten. Es bestehet aus sieben unterschiedenen und abgesonderten, auch an Größe und Gestalt verschiedenen Knochenplatten, welche durch (die Serpentina ist ihr hierin ähnlich) Knorpelbänder vereinigt sind; so daß also nicht, wie bey andern Arten, das Bruststück eine feste und zusammengefügte Knochenstütze hat. Die Knochenplatten selbst sind wie die obere Scheibe gravirt und mit einem dünnen Oberhäutchen bezogen. Der vorderste Theil des Bruststücks ist blos knorplicht, durchsichtig und leicht ausgekerbt.

Zwey länglicht gestaltete und sich quer annähernde Knochen, liegen im vordern knorplichten Theil, zur Befestigung der vordern Oefnung des Schildes. Mit ihnen stehet in Verbindung die dritte kleine und ovale Knochenplatte, mittelst zwoer, von auſſen nicht bemerkbarer Fortſätze. Aus beyden Seiten dieſer dritten Platte, ſteigt ein langer ſchmaler Knochenfortſatz abwärts, und verbindet ſich mit ein paar andern ähnlichen, aber kürzern, welche ihnen aus den mittlern Bruſtknochen entgegen kommen.

Den Mitteltheil des Bauch- oder Bruſtſchildes, bilden zwey gröſſere, die vierte und fünfte Knochenplatte, von faſt viereckigter Geſtalt, die am hintern Rande zur Aufnahme der Schenkel tief eingeſchnitten, übrigens aber mit verſchiedenen knorplichten Fortſätzen verſehen ſind, wodurch ſie das Oberſchild und andere Theile mit ſich verbinden. Die ſechſte und ſiebente oder hinterſten Knochenplatten machen faſt die Hälfte des Bauchſchildes, ſind dreyſeitig, an der äuſſern bogicht, liegen näher zuſammen und haben verſchiedene Fortſätze.

Der übrige Theil des Unterſchildes iſt knorplicht, der Rand ganz und ſo eingebogen, daß es wahrſcheinlich wird, er müſſe im lebendigen Thiere, den obern überraget haben.

Der Kopf iſt nach Verhältniß groß, lang, nach hinten breiter. Die Augenhölen ſtehen faſt näher zuſammen als in andern Arten. Die Stirne iſt gelinde abſchüßig. Die Naſenlöcher ſind in einem knorplichten, cylindriſchen Rüſſel. Die Haut über den Kiefern hat groſſe, häutige, franzichte Anſätze, wovon im trocknen Exemplare noch die unverkennbarſten Spuren bemerkbar ſind.

Die Kiefer ſind ohne alle Einſchnitte und ganz.

Sämtliche Füße haben drey Finger, ieden mit halb Zoll langen, breiten, ſpitzigen und ſtarken Krallen bewafnet. Doch ſind auſſer dieſen drey Fingern an iedem Fuſſe noch zwey andere, gleichſam unächte und unbewafnete Finger verborgen, in der breiten Schwimmhaut, welche franzig iſt, und an der Füße äuſſern Rande, bis an den Ellenbogen fortſezt.

Der kurze runzlichte Schwanz raget mit ſeiner Knochenſpitze kaum unter dem Schilde hervor.

Schuppen ſind nirgendwo auf den Bedeckungen, auch nicht auf dem Kopfe, bemerkbar.

So ist das kleinere Exemplar beschaffen; es verdient aber noch angezeigt zu werden, daß das größere in einigen Punkten anders beschaffen sey.

Dieses hat das ganze Oberschild und dessen Mittelscheibe, flächer, zugerundeter, vorne und hinten gleich breit, und hinten stumpf eingekerbt. Der dünne hornigte Ueberzug ist röthlich, und wo dieser abgerieben ist, erscheint die mittlere Knochenscheibe, mehr mit wogichten, langgezogenen Furchen, als mit schagrinirten Erhabenheiten und Vertiefungen ausgegraben.

Der Randbogen des Schildes scheint blos knorplicht zu seyn, und es sind keine Schuppen daran zu bemerken. Die mittlere Knochenscheibe hat in der Mittlänge neun, zu beyden Seiten aber auch sechszehn Felder, unter welchen die acht Ribben jeder Seite um so deutlicher hervortreten, weil die knorplichte Füllung zwischen denselben von Würmern oder von der Zeit zerstört sind.

Auch sind Abweichungen an dem Bauchschilde bemerklich. Es fehlen hier die an dem kleinern Exemplar beschriebenen und abgebildeten drey vordern und kleinern Knochenplatten, obgleich die an diesem zu ihrer Verbindung dienenden langen Fortsätze zugegen sind. Alle diese Abweichungen sind jedoch unbedeutend, und ungewiß ist es, ob sie der Verschiedenheit des Alters oder des Geschlechts zuzuschreiben seyen?

Folgende sind die Verschiedenheiten der Maasverhältnisse an den beyden Blochischen Exemplaren, denen in der dritten Reihe die von Cepede angegebene Messung zugefügt sind.

Länge des ganzen Thiers, mit gestrecktem Halse	23."	9¼."	— —
des ganzen Oberschildes	15."	5."	3." 9.'''
der mittlern Knochenscheibe	10."	4⅙."	2." 8.'''
Breite des ganzen Oberschildes zwischen den Rändern	14."	3¾."	3." 6.'''
der mittlern Knochenscheibe	10."	3¼."	2.
Länge des Bauchschildes	10½."	4¼."	
Breite desselben mit den Flügeln	11."	3¾."	
Höhe des Rumpfes	3."	2⅙."	—

Daß diese Art eine Wasserschildkröte sey, bezeugen die Schwimmfüße und die platte Form des Schildes.

Die beschriebenen Blochischen Exemplare sind von dem Hrn. Missionair John ihm zugeschickt worden, mit folgenden Bemerkungen: „Diese Schildkröten erhalten sich in Quellen und andern süßen Wassern auf Coromandel; sie werden in der Tamulischen Sprache, Nalea-Ahmei, d. i. gute Schildkröte, genannt und für Leckerbißen gehalten. Ihre Schaale erscheint im Wasser glatt und aschfarben-grünlicht, oder dunkelgrün; außer dem Wasser runzelt sie alsbald, und getrocknet wird sie rauh und dem Schagrin ähnlich. Der Rand des Unterschildes ist mit einer weißen Borte, bestehend aus weißen Punkten, umgeben. Der Hals und die dreykralligen Füße, sind ungewöhnlich lang gestreckt."

Tab. XXXI.

TESTUDO MUHLENBERGII.

Testa oblonga, modice convexa, carinata, unicolor, lateribus retractis, scutellis leviter sulcatis.

Mühlenbergische Schildkröte.

Rückenschild ablang, mäßig gewölbt, gekielet, einfärbig, die Flanken eingebogen, die Felder leicht gefurcht.

Das Original dieser Abbildung kommt von der Gewogenheit des Hr. Probst D. Mühlenberg, zu Lancaster in Pensylvanien. Es lebt diese Schildkröte in den-

denselben Gewässern und Bächen mit der getüpfelten Schildkröte, der sie auch dem Kopfe und Gliedmaßen nach ähneln soll, und darum von Hrn. M. nur für eine Spielart derselben gehalten wurde, obgleich, wie er schon selbst bemerkte, die Panzer doch sehr verschieden wären. Diese Verschiedenheit scheint ihm zwar die Wahrscheinlichkeit jener Meynung nicht zu entkräften, weil er auch die getüpfelte Schildkröte zuweilen mit verblichenen, oder ganz ohne gelbe Punkte, und folglich einfärbig, gesehen habe.

Aus den beyderley verglichenen Panzern erhellet zwar, daß sie an äusserer Gestalt, Umriß und einigen andern Beschaffenheiten von minderer Wichtigkeit, sich ziemlich ähneln, daß aber die hier abgebildete Mühlenbergische dennoch von der getüpfelten Schildkr. unterschieden bleibe, durch

1) das in den Flanken eingebogene Oberschild,

2) die gewölbtern Schuppen der Mittelreihe, welche

3) zugleich deutlich gekielt, und nebst allen übrigen

4) deutlich genug gefurcht sind, und Schuppenfelder haben;

5) dann noch durch das einförmige Dunkelcastanienbraun, und

6) das engere Bauchschild.

Nach Hrn. D. Mühlenbergs Bemerkung, ist der hier abgebildete Panzer von einem männlichen Thiere genommen, wie sich wohl schon aus dem eingetieften Bauchschilde vermuthen ließe. Aber eben so vertieft ist das Bauchschild einer zugleich mit hieher gekommenen getüpfelten Schildkröte, in welcher doch, nach Hrn. M. Zeugniß, Eyer sind gefunden worden.

Von der Beschaffenheit der Gliedmaßen hat Hr. M. nichts bestimmtes angemerkt, auſſer daß der Kopf getüpfelt, und das Thier geschwänzt sey.

Ohne Zweifel ist auch dieses eine neue Art, deren umständlichere Aufklärung wir vielleicht bald hoffen dürfen, und welche durch diese vorlaufende Bekanntmachung, nach meinen Wünschen, möge beschleuniget werden.

———————

Tab.

Tab. I.

Testudo europaea Schneider.

Tab. II.

Testudo tricarinata Retz.

Tab. III.

1. Test. scabra Retz. 2. 3. Test. cinerea Brown. 4. 5. Test. scripta Thunb.

Tab. IV

Testudo picta Herrmanni.

Tab. V.

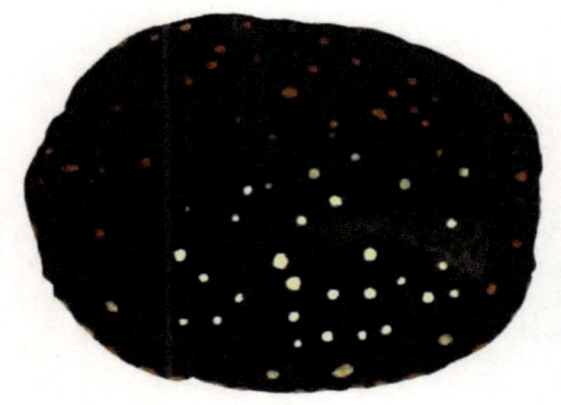

Testudo punctata Muhlenberg.

Tab. VII.

Testudo clausa Blochii.

F.W. Wonder ad nat. pinx.

Tab. VIII.

Testudo graeca Linn. A.

Tab. IX.

Testudo graeca Linn. B.

Tab. X.

Testudo geometrica Linn.

F. W. Wunder ad nat. pinx.

Tab. XI.

Testudo marginata.

Tab. XII.

Fig. 1.

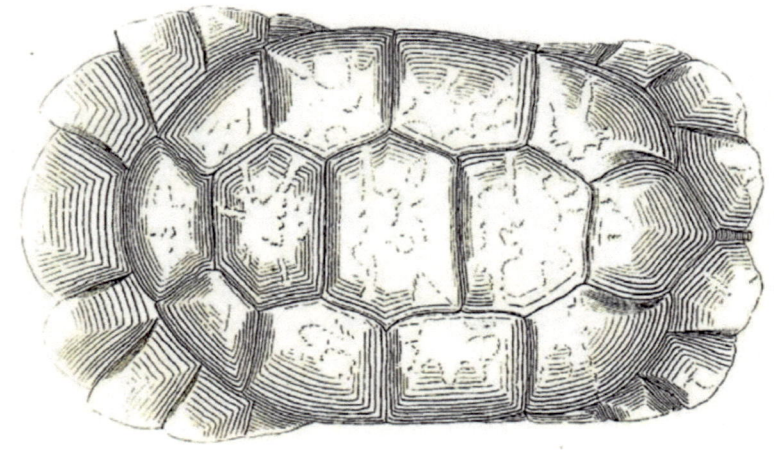

Fig. 2.

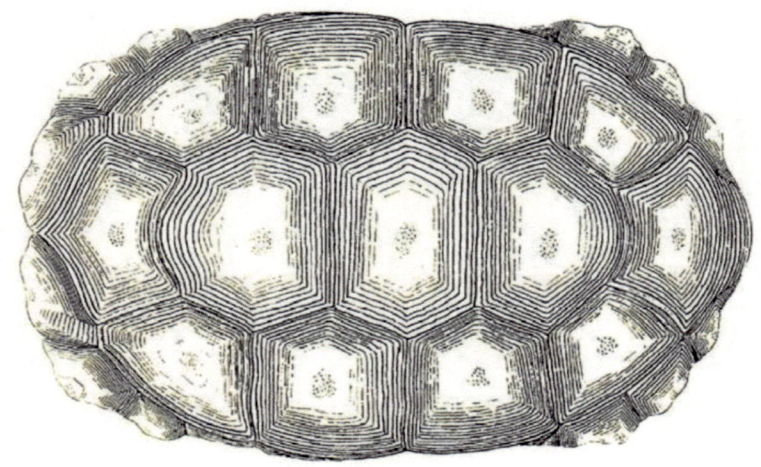

Testudo marginata.
Testudo tabulata (Wallbaum.

Tab. XIII.

Testudo tabulata Wallbaum.

Tab XIV

Testudo tabulata Wallbaum. Pull.

Tab. XV.

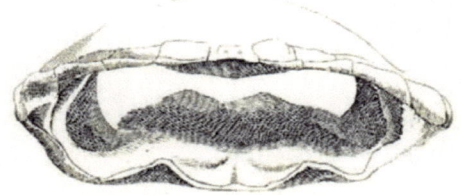

Testudo Terrapin.

Tab. XVI.

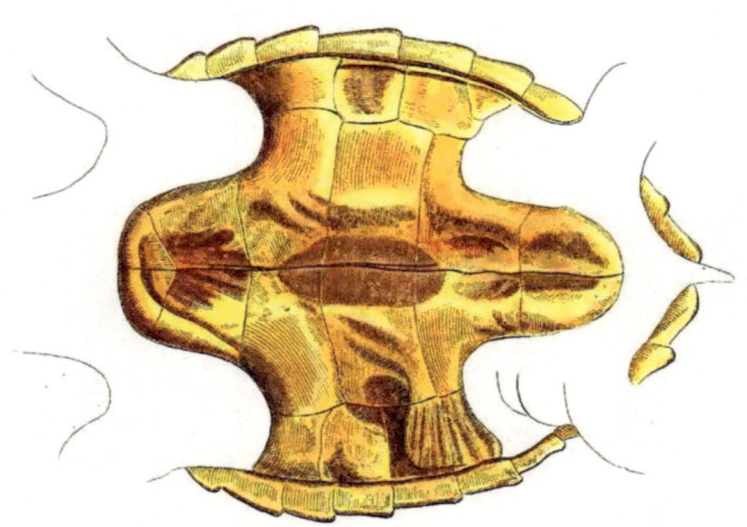

Testudo caretta Linn.

Tab. XVI B.

Testvdo Caretta Linn.

Tab. XVII.

Fig.1. *Testudo imbricata* Linn. Fig.2. *Testudo Mydas* Linn.
Fig.3. *Testudo Caretta* Linn.

Tab. XVIII. A.

Testudo imbricata Linn.

Tab. XVIII. B.

Testudo imbricata Linn.

Tab. XIX.

Testudo ferox Pennant.

Tab. XX.

Testudo rostrata Thunberg.

Tab: XXI.

Testudo fimbriata.

Tab. XXII.

Testudo Indica. Perrault et Vosmaer.

Tab: XXIII.

1.

2.

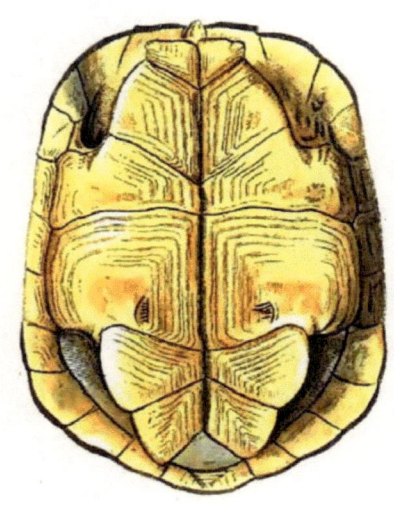

3.

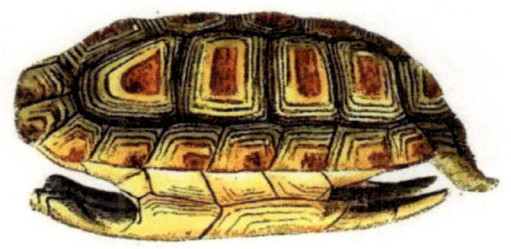

Testudo areolata. Thunberg.

Tab. XXIV

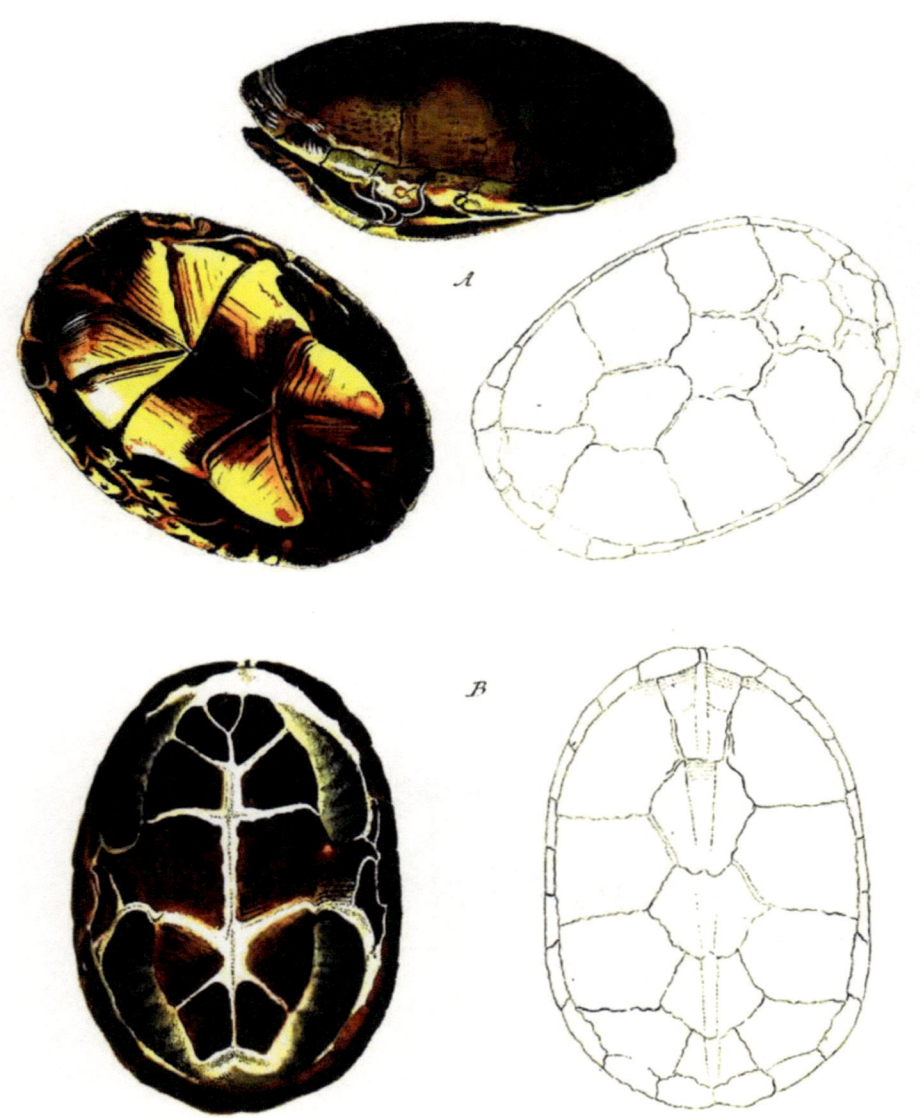

Testudo pensylvanica.

Tab: XXV

Testudo elegans. Sebae.

J. W. Wunder, ad nat. pinx.

Testudo pulchella.

Tab. XXVII.

Testudo planiceps.

J. Nußbiegel sc.

Tab. XXVIII.

 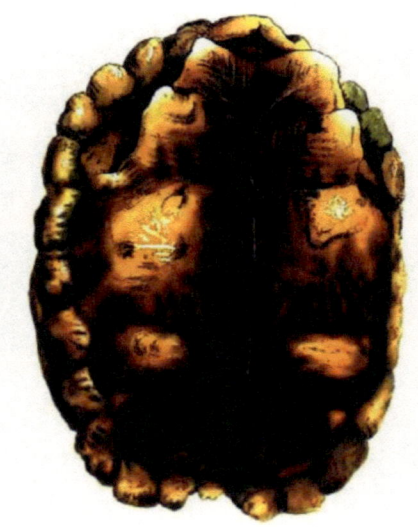

1. Test. denticulata L. 2.3. Test. signata Wallb.

Tab. XXVIIII

Testudo coriacea L.
Testudo tuberculata Penn.

Tab. XXX A.

Testudo granosa.

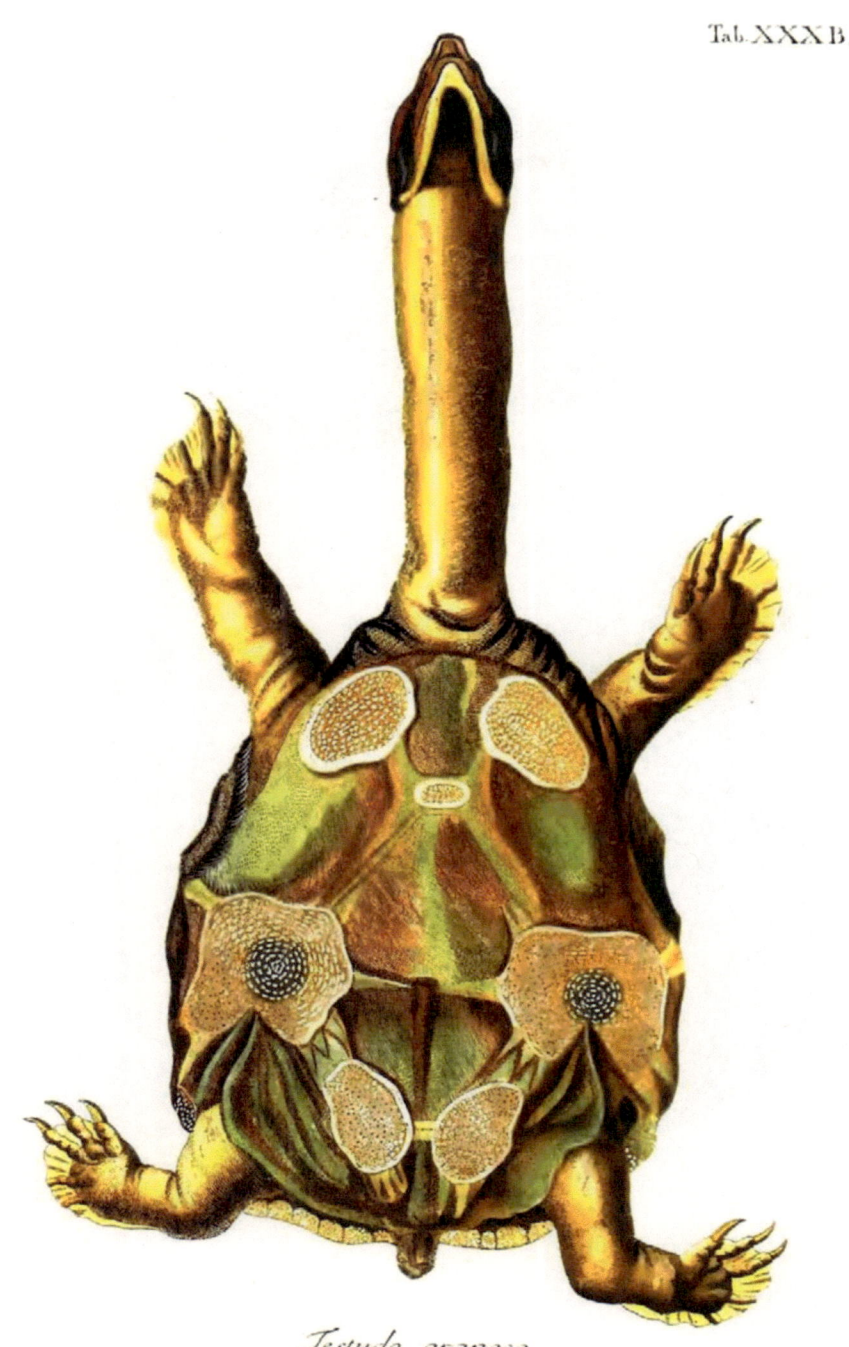

Tab. XXX B.

Testudo granosa.

Tab. XXXI.

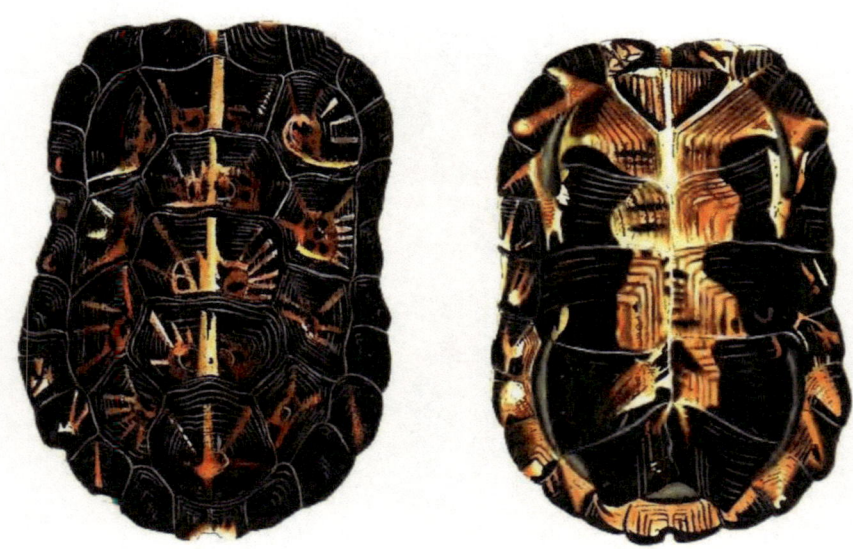

Testudo Muhlenbergii.

Wunder pinx. J.F. Volkart sc.